Recettes simples de la cuisine
française avec une marmite

法國人
最喜歡的 3 種

速簡輕燉煮

上田淳子

出版菊文化

Introduction

你覺得燉煮＝
緩慢咕嚕咕嚕地煮嗎？

法國人鍾愛的料理之一就是「速簡輕燉煮」，儘管種類繁多，但製作方法卻非常簡單。將肉或魚煎炒後取出，用紅酒煮成湯汁，再放回食材迅速煮一下即可。根據食材的不同，大多數菜餚只需要燉煮10分鐘左右即可完成。

對於一直認定只有透過緩慢的燉煮，食材變得軟嫩可口，醬汁也變得濃郁（例如紅酒燉牛肉等）才是燉煮的我來說，這樣的「速簡輕燉煮」絕對是一種令人驚喜的烹調方法。特地向法國人請教，這種“速簡輕燉煮”的美味秘訣在於食材的「燉煮程度」。特別是像雞肉、豬肉和魚這樣的常見食材，煮得太久往往會變得乾燥或乾柴。正是因爲這樣，用「燉煮程度 ＋ 濃稠湯汁狀的醬汁」來完成這種「速簡輕燉煮」菜餚才是最理想的。

「速簡輕燉煮」，大致可分成3大類。
奶油風味白醬的快煮「Fricassée」。
煮汁量較多的湯「Soupe」。
除此之外的香煎「Sauté」。「Sauté」這個詞，在日本有「炒拌」的意思，但在法文也用於煎炒後迅速煮的方式。

掌握這三種不同的烹調方式，就足以豐富每天餐桌上的菜色，而且能夠只用一個鍋具，在短時間內輕鬆製作，非常方便，也適合事先準備好，即使在忙碌時，或家中有不同就餐時間的家人也能夠輕鬆享用。
希望在日本的餐桌上，也能愛用法國「速簡輕燉煮」的烹調法。

上田淳子

Sauté

回憶中的香煎
「酸香輕燉煮豬肉」

（製作方法 P.022）

「酸香輕燉煮豬肉」是一道讓我認識到速簡輕燉煮不只是香煎的菜餚。所謂的 Charcutiere，指的是製作火腿、臘腸、肉凍派等豬肉加工品，稱爲 Charcuterie的熟食冷肉職人，常常使用醋醃小黃瓜 Cornichon（小型黃瓜製成）和芥末等常見食材，和豬肉一起製成速簡輕燉煮，這道菜就是由這樣的料理演變而來，對於曾經在法國豬肉加工製品店工作過的我而言，這是一種很懷念的味道。簡單的番茄醬汁中添加了醋醃小黃瓜和黃芥末的酸味，使風味更深刻，速簡輕燉煮之後彼此融合，帶來更多美味。這是一道能夠快速烹調出美味豬肉，令人開心的菜餚。

fricassée

白醬燉煮

「魚貝類的奶油白醬輕燉煮」

（製作方法 P.066）

從孩童時就非常喜歡奶油白醬燉煮的菜餚。長大之後，第一次在法國嚐到，驚訝於其深邃的味道，好像從未嚐過一樣。研究之後發現，基底藏有白葡萄酒的美味，我才理解是在此基礎下添加鮮奶油，才能蘊釀出的美妙滋味，就稱爲「fricassée」。相對於其他速簡輕燉煮的菜餚，「Sauté」是以奶油香煎的專屬名稱，也許正是因爲法國人喜愛奶油味才有這樣的命名。無論如何，對於喜歡脂肪含量少的肉和魚貝類的法國人而言，這正是不可少的美味。順道一提，或許有很多人認爲「鮮奶油不能煮沸」，但實際上煮沸後，可以讓鮮奶油的濃郁和美味更加具有深度。

Soupe

使用大量豆類的法式濃湯 「小扁豆培根湯」

（製作方法 P.118）

最近在日本，加入豐富色彩蔬菜的湯品似乎很受歡迎，但本來湯品是爲了度過寒冬而誕生的料理， 因此以保存食材如豆類、薯類和根菜烹調的料理較爲普遍。特別是使用保存期較長的豆類製作的湯品，在法國一直是很受歡迎的料理。即使不需長時間煮熟，也能變得柔軟容易烹調，而且豆類本身就有豐富的濃郁風味，即使簡單地燉煮也可以享受到濃厚的味道。搭配上培根、香腸等味道強烈的材料，能讓湯品更加美味。此外，小扁豆煮後Q彈的獨特口感、或是燉煮至即將鬆散的濃稠質地，都是讓人試過就會上癮的美味。據說小扁豆曾經出現在聖經，一直以來在歐美都是很受歡迎的豆類。無論今昔，都是高營養價値易於消化的保存食材，代代相傳地享受它帶來的美味恩惠。

Contents

Viandes 肉類的速簡輕燉煮

Poissons 魚貝類的速簡輕燉煮

Légumes 蔬菜的速簡輕燉煮

● **最適合用於前菜的速簡輕燉煮**

Soupes 湯

Column 週末悠閒的用餐

● **餐後的起司小點**

● **餐後點心**

【本書的使用方法】

- 大蒜請先除芽後再進行烹調，帶芽大蒜容易燒焦會導致料理產生苦味。
- 1 小匙＝ 5ml、1 大匙＝ 15ml、1 杯＝ 200ml。
- 火力的程度若未特別標示，都是中火。
- 食譜上，蔬菜的「清洗」「去皮」等通常會視爲前置作業而省略敘述。在沒有特別標示時，請先進行這些作業後再開始烹調。
- 鹽使用的是粗鹽或天然鹽。
  使用精製鹽時，用量請比食譜標示的略少一點。
- 關於葡萄酒，白酒使用的是不甜的種類，
  紅酒使用的是較無澀味的種類。
- 微波爐以 600W 功率爲加熱時間的標準。
  若使用 500W 時，加熱時間是 1.2 倍、
  700W 時則請改爲 0.8 倍。

「速簡輕燉煮」

4大優點

短時間製作

「速簡輕燉煮」正如其名，烹煮時間約是10分鐘左右。若是魚類料理還能更縮短時間。正應該如此，因爲肉、魚類都是恰好完成熟度的烹煮最爲美味！「速簡輕燉煮」正是希望每天忙碌的人也能輕鬆製作的料理，即使時間不充裕也想好好品嚐美味。

一道菜餚就能滿足

「速簡輕燉煮」幾乎都是肉類和蔬菜、魚類和蔬菜的組合。因此既是主菜又同時能享受到蔬菜的美味。熬煮葡萄酒製作出基底，就能嚐到極致美味的醬汁。總之，一道菜餚同時可以享受到肉或魚類、蔬菜、醬汁的美味樂趣，能完全滿足味蕾的食材。再搭配上麵包，就是非常棒的一餐了。

活化食材的原味

食材本身的甜味、美味、清爽、苦味。將所有的風味巧妙地烘托出來，以熬煮葡萄酒爲基底，更襯托其中風味地迅速完成，再以鹽、辛香料來補足滋味。這就是「速簡輕燉煮」的基本製作方法。正因材料、製作方法都非常簡單，更能活化食材的原味。

不限於冬季夏季也是

提到燉煮是否就會聯想是冬季菜餚呢？「咕嚕咕嚕、緩慢札實」的燉煮料理，感覺與夏季印象有相當的大的距離，但「速簡輕燉煮」卻是能迅速短時間完成的料理。因此也非常適合夏季。全部的蔬菜料理、少脂肪的肉或魚料理等，冷卻後享用也非常美味。

「速簡輕燉煮」

1個鍋子就能製作

or

直徑22～24cm的氟素加工樹脂的平底鍋就很方便使用。預備好符合尺寸的鍋蓋，想要呈現燒烤色澤（P.024「燉煮薄切里脊卷和蕈菇」）、烘烤時容易沾黏的食材（P.056「鮭魚的白醬輕燉煮」）建議使用平底鍋。

直徑20～22cm（橢圓形時長徑25cm），只要有能完全閉合的鍋蓋，鍋具的材質無論哪種都OK。食材較具膨鬆體積的（P.072「奶油醬汁煮淡菜和西洋菜」）、煮汁較多的（P.042「北非小麥燉蔬菜牛肉」）時，請使用深鍋。

「速簡輕燉煮」基本的製作方法

「速簡輕燉煮」即使改變食材，基本的流程幾乎是相同的。
以「酸香輕燉煮豬肉」（P.022）爲例，解說製作方法。

1

確實進行事前調味

肉或魚貝類加熱後，就難以入味，因此加熱前必須先確實進行調味。容易入味不均勻的肉或魚類，在調味後可以略微撒上麵粉。

2

煎出烤色，取出

充分熱油，將肉類或魚類表面煎出烤色，再取出。這是爲了鎖住食材的美味，同時也有將香氣移轉至醬汁的目的。在這個階段中，肉類不需加熱至全部熟透。

3

拭去多餘油脂

加熱肉或魚類時釋出的脂肪，會影響完成時的風味，所以會先拭去。但沾黏在鍋內的是美味成分，因此訣竅是用廚房紙巾輕輕按壓，吸走鍋中表面油脂即可。

4

5

6

拌炒調香蔬菜

將蔬菜放入殘留著肉和魚類美味成分的鍋內，拌炒至蔬菜軟化，釋放出蔬菜甜味爲止。在此，肉或魚類的美味成分與蔬菜的風味合而爲一。

熬煮葡萄酒

倒入葡萄酒，邊融化出沾黏在鍋底的美味成分，邊進行熬煮。藉由熬煮使葡萄酒變化成調味料，呈現深刻且濃郁的風味。一旦熬煮不足，完成時就會感覺少了點風味。

加入食材，稍微煮一下

將取出的肉或魚類放回煮汁中，蓋上鍋蓋輕燉煮。中央不易煮熟的肉類，在調味料、水、鮮奶油放入時，也放回鍋中。容易煮熟的魚、容易煮乾柴的肉類，則是在調整煮汁味道及濃度後再加入，稍微煮一下。

Viandes

肉類的速簡輕燉煮

「速簡輕燉煮」中最受歡迎且多樣化的肉類料理。
不僅適合做每天的主菜，
用來招待客人也非常完美。

→ 醋燉豬肩里脊和高麗菜
(P.020)

醋燉豬肩里脊和高麗菜

Sauté de porc au chou vinaigré

先煎烤然後取出，這期間肉仍保持餘熱。

考慮到這一點，這是讓肉不要煮得過軟卻能做到軟嫩的訣竅。

加熱醋可以去除它的刺激性味道，留下適度的酸味。

材料（2～3人份）

豬肩里脊肉（肉塊）…400g
高麗菜…大型½個（600g）
洋蔥…½個
大蒜…1小瓣
A
　鹽…⅔小匙
　胡椒…適量
麵粉…適量
沙拉油…1大匙
白酒…½杯
水…¾杯
紅酒醋（白酒醋也可）…1大匙
鹽、胡椒…各適量
粗磨黑胡椒…適量

❶ 蔬菜的準備

高麗菜切成大塊，撒上1又½大匙的鹽（用量外）搓揉。靜置約15分鐘後，再輕輕搓揉，沖水後用力擰乾。洋蔥切成5mm寬，大蒜切碎。

❷ 肉類的準備

豬肩里脊肉切成1.5cm厚，以A搓揉全體，薄薄地撒上麵粉。在此先確實進行事前調味備用。撒上麵粉，是要封鎖住肉塊的美味，同時可增加醬汁的濃稠。

❸ 香煎肉類，取出

在平底鍋或鍋子內放入沙拉油½大匙，以略強的中火加熱，待油熱後放入豬肉。稍稍放置不動地香煎，待兩面煎出烤色後，取出。肉的中央處未熟透也OK。

❹ 拭去油脂

以廚房紙巾吸收拭去平底鍋或鍋內多餘的油脂。因鍋中殘留肉類的美味成分，因此用廚房紙巾輕輕按壓，僅吸走鍋中表面油脂即可。

❺ 熬煮葡萄酒

放入沙拉油½大匙、洋蔥、大蒜，避免燒焦地用較小的中火拌炒約2分鐘。待變成淡茶色後，添加白酒改爲大火，以木杓摩擦般刮下鍋底的美味成分，熬煮至白酒揮發至剩⅓量。

❻ 添加食材、烹煮

加進高麗菜、③的豬肉，水，煮至沸騰後蓋上鍋蓋，轉爲略小的中火烹煮約12分鐘左右。添加葡萄酒醋，混拌全體轉以大火煮約1分鐘，使酸味略略揮發，以鹽、胡椒調味。完成時撒入粗磨黑胡椒。

酸香輕燉煮豬肉

Porc sauce charcutière

風味的關鍵，就是醋醃黃瓜和黃芥末。
這2種酸味及美味，更提引出番茄醬汁的深刻滋味。

材料（2～3人份）

豬肩里脊肉（肉排）…3片（400g）
洋蔥…½個
醋醃黃瓜（cornichon）※…40g
A
　鹽…⅔小匙
　胡椒…適量
沙拉油…1大匙
白酒…½杯
水煮番茄（粒狀罐頭）…½罐（200g）
水…¼杯
鹽、胡椒…各適量
法式黃芥末…1大匙
奶油…5g

※Cornichon是法國的醋醃小型黃瓜

❶ 食材的準備

洋蔥切碎，醋醃黃瓜切成小圓片。豬肉全體用A預先搓揉調味。

❷ 香煎肉類，取出

在平底鍋或鍋子內放入沙拉油½大匙，以略強的中火加熱，待沙拉油完全變熱後放入豬肉。稍稍放置不動地香煎，待兩面煎出烤色後，取出。

❸ 製作煮汁

以廚房紙巾吸收拭去平底鍋或鍋內多餘的油脂。放入沙拉油½大匙、洋蔥，避免燒焦地用較小的中火拌炒約2分鐘。添加白酒改為大火，以木杓摩擦般刮下鍋底精華，熬煮至白酒揮發至剩⅓量。加入水煮番茄、水、鹽⅓小匙，煮至沸騰後轉為略小的中火，避免燒焦地不時混拌烹煮約2分鐘。

❹ 添加食材、烹煮

加進②的豬肉，煮至沸騰後蓋上鍋蓋，轉為略小的中火烹煮約5分鐘左右。將豬肉翻面，再蓋上鍋蓋烹煮約2分鐘。待豬肉完全熟透後，掀開鍋蓋用大火將煮汁熬煮至剩⅔量。添加黃芥末和醋醃黃瓜混拌，煮至沸騰後以鹽、胡椒調味，完成時放入奶油混拌即可。

燉煮薄切里脊卷和蕈菇

Roulade de porc d'automne

用肉包捲核桃脆脆的口感，完成時添加的甘甜栗子，
還有風味絕佳的蕈菇，以紅酒醬汁烹製成一道美味佳餚。

材料（2～3人份）

豬肩里脊肉或里脊肉
（薑燒肉片用）…8片（400g）
鴻喜菇…1小盒（100g）
香菇…3片（50g）
大蒜…1小瓣
核桃…8個
A
　鹽…½小匙
　胡椒…適量
麵粉…適量
沙拉油…½大匙
奶油…10g
紅酒…½杯
B
　半釉汁（sauce demi-glace）…50g
　月桂葉…1片
　水…¾杯
鹽、胡椒…各適量
甜栗仁…6顆

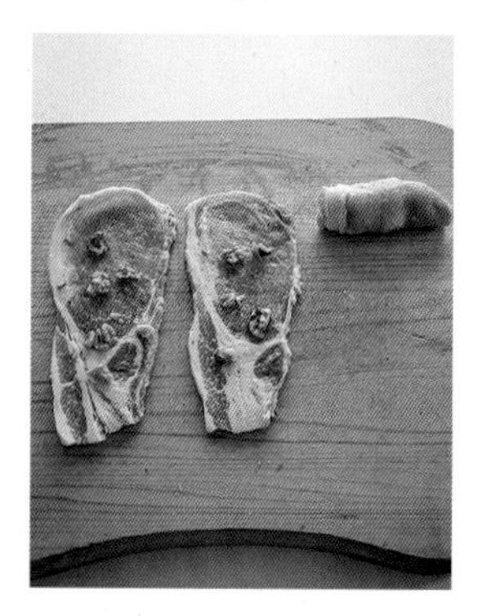

Point

攤開豬肉，放入切成小塊的核桃包捲起來。核桃成爲畫龍點睛的口感。

❶ 食材的準備

鴻喜菇、香菇切去底部，鴻喜菇切成粗粒，香菇切成1cm寬。大蒜切碎。核桃切成5mm的丁。攤開豬肉，以A預先搓揉調味，撒入核桃由身體方向緊緊地向前捲起，薄薄地撒上麵粉。

❷ 香煎肉類，取出

在平底鍋或鍋子內放入沙拉油，以略強的中火加熱，待沙拉油完全變熱後將①的肉卷貼合處朝下放入。稍稍放置不動地香煎，翻面同樣香煎，待全體煎出烤色後，取出。

❸ 製作煮汁

以廚房紙巾吸收拭去平底鍋或鍋內多餘的油脂，放進奶油、大蒜，避免燒焦地用較小的中火加熱，待奶油起泡時，加入菇類，拌炒至水分揮發約2分鐘。倒入紅酒改爲大火，以木杓摩擦般刮下鍋底精華，熬煮至紅酒揮發至剩⅓量。加入B，煮至沸騰後轉爲略小的中火，避免燒焦地不時混拌烹煮約2分鐘。

❹ 添加食材、烹煮

加進②的豬肉，不時混拌烹煮約5分鐘。待豬肉完全熟透，略有濃稠時，以鹽、胡椒調味。完成時放進甜栗輕輕混拌。

奶油燉煮腰內肉和蘋果

Filet de porc et pommes fruits à la normande

流傳在諾曼第，使用蘋果的速簡輕燉煮。
蘋果使用具酸味的，煮至口感濃稠，酸甜滋味與豬肉非常配。

材料（2～3人份）

豬腰內肉…大½條（300g）
蘋果（儘可能使用紅玉）…2個（或大型1個）
洋蔥…½個
A
　鹽…½小匙
　胡椒…適量
奶油…10g
白蘭地（若有）…少許
沙拉油…1大匙
麵粉…適量
蘋果酒（cidre）（辛口。或是白酒）…⅓杯
水…½杯
鮮奶油（乳脂肪成分40%以上）…½杯
鹽、胡椒…各適量

Point

腰內肉因油脂較少容易乾柴，因此為避免肉汁流失會先裹上麵粉。

❶ 食材的準備

削去蘋果皮，切成月牙狀，去核。洋蔥切碎。豬肉切成2cm厚，用A預先搓揉調味。

❷ 香煎蘋果，取出

在平底鍋或鍋子內放入奶油加熱，待奶油融化冒出氣泡時，放入蘋果香煎。待全體呈現淡薄烤色時，熄火，倒進白蘭地，混拌全體，取出。

❸ 香煎肉類，取出

在平底鍋或鍋子內放入沙拉油½大匙，以略強的中火加熱，在豬肉外薄薄裹上麵粉，迅速香煎表面，取出。

❹ 製作煮汁

以廚房紙巾吸收拭去平底鍋或鍋內多餘的油脂，加入沙拉油½大匙、洋蔥，避免燒焦地用較小的中火加熱，拌炒約2分鐘。添加蘋果酒改為大火，以木杓摩擦般刮下鍋底精華，熬煮至蘋果酒揮發剩⅓量。加入水、鮮奶油。

❺ 添加食材、烹煮

煮至沸騰時，加入②的蘋果、③的豬肉，以略小的中火烹煮。不時混拌煮至豬肉熟透、略有濃稠，約2～3分鐘，以鹽、胡椒調味。

白酒燉煮
豬肩里脊和果乾

Sauté de porc abricots et figues

創造口感的是三種不同的乾果，
它們各自獨特的甜味和酸味組成了豐富而圓潤的味道。

材料（2～3人份）

豬肩里脊肉（肉塊）…400g
乾燥杏桃…5個
乾燥無花果…大型3個
葡萄乾…2大匙
洋蔥…1個
大蒜…1小瓣
A
| 鹽…⅔小匙
| 胡椒…適量
麵粉…適量
沙拉油…1大匙
白酒、水…各1杯
鹽、胡椒…各適量
奶油…5g

Point

乾燥水果若直接加入，在熬煮前就會吸走葡萄酒，因此要先浸泡熱水還原後再使用。

❶ 食材的準備

乾燥水果切成容易食用的大小，浸泡於熱水中約5分鐘還原，瀝去熱水。洋蔥、大蒜切成薄片。豬肉切成3～4cm塊狀，用A預先搓揉調味，薄薄撒上麵粉。

❷ 香煎肉類，取出

在平底鍋或鍋子內放入沙拉油½大匙，以略強的中火加熱，待油熱後放入豬肉。稍稍放置不動地香煎，待全體煎出烤色後，取出。

❸ 製作煮汁

以廚房紙巾吸收拭去平底鍋或鍋內多餘的油脂，加入沙拉油½大匙、洋蔥、大蒜，避免燒焦地用較小的中火加熱，拌炒約2分鐘。添加還原的乾燥水果、白酒改爲大火，以木杓摩擦般刮下鍋底精華，熬煮至蘋果酒揮發剩⅓量。

❹ 添加食材、烹煮

加入水、鹽⅓小匙、②的豬肉，煮至沸騰後蓋上鍋蓋，避免燒焦地用略小的中火不時混拌地煮約12分鐘。至豬肉熟透時掀開鍋蓋，用大火收乾煮汁至⅔量，以鹽、胡椒調味，最後加入奶油攪拌即可。

→ 白酒燉煮翅小腿和小洋蔥
(P.032)

→ 紅酒燉雞腿
(P.033)

白酒燉煮翅小腿和小洋蔥

Ailes de poulet aux petits oignons, sauce vin blanc

翅小腿和圓滾滾小洋蔥的搭配不僅外觀誘人，還有令人垂涎的口感。
白葡萄酒的味道和酸度加上奶油的香氣，簡單而深刻的滋味。

材料（2～3人份）

翅小腿…500g
小洋蔥…12個
A
　鹽…⅔小匙
　胡椒…適量
麵粉…適量
沙拉油…1大匙
奶油…20g
白酒、水…各1杯
鹽、胡椒、粗磨黑胡椒…各適量

❶ 食材的準備

小洋蔥剝除外皮。翅小腿用A預先搓揉調味，薄薄撒上麵粉。

❷ 香煎肉類，取出

在平底鍋或鍋子內放入沙拉油，以略強的中火加熱，待油熱後放入翅小腿。避免燒焦地邊翻動邊香煎至表面煎出烤色後，取出。

❸ 製作煮汁

以廚房紙巾吸收拭去平底鍋或鍋內多餘的油脂，放入奶油用小火加熱。待奶油融化起泡後，放入小洋蔥輕輕拌炒。待全體沾裹奶油後倒入白酒改爲大火，以木杓摩擦般刮下鍋底精華，熬煮至白酒揮發剩⅓量。

❹ 添加食材、烹煮

加入②的翅小腿、鹽½小匙、水，煮至沸騰後蓋上鍋蓋，用略小的中火烹煮約10分鐘。掀開鍋蓋，用大火收乾煮汁至½量，以鹽、胡椒調味。完成時撒入粗磨黑胡椒。

紅酒燉雞腿

Coq au vin

被稱爲coq au vin的法國經典家庭料理。
使用可熬出高湯的帶骨雞腿，再加上培根就是美味關鍵。

材料（2～3人份）
帶骨雞腿肉（切成大塊）… 2根（700g）
洋蔥 … 1個
大蒜 … 1小瓣
蘑菇 … 8個
培根（塊狀）… 60g
A
　鹽 … 1小匙
　胡椒 … 適量
麵粉 … 適量
沙拉油 … 1大匙
奶油 … 30g
紅酒 … 2杯
蜂蜜 … 1大匙
B
　百里香 … 少許
　月桂葉 … 1片
紅酒醋（白酒醋也可）… ½大匙
鹽、胡椒 … 各適量

❶ 食材的準備
洋蔥切成薄片，大蒜切碎。蘑菇切去底部，對半切。培根切成長條狀。雞肉用A預先搓揉調味，薄薄撒上麵粉。

❷ 香煎肉類，取出
在平底鍋或鍋子內放入沙拉油，以略強的中火加熱，待油熱後放入雞肉。稍稍放置不動地香煎，待全體煎出烤色後，取出。

❸ 製作煮汁
以廚房紙巾吸收拭去平底鍋或鍋內多餘的油脂，放入奶油用較小的中火加熱。待奶油融化起泡後，放入其餘的①，拌炒約3鐘至呈淡茶色。倒入紅酒、蜂蜜用大火加熱，以木杓摩擦般刮下鍋底精華，烹煮約1分鐘收汁。

❹ 添加食材、烹煮
加入②的雞肉、放入B，煮至沸騰後轉爲略小的中火蓋上鍋蓋，烹煮約15分鐘。掀開鍋蓋，添加紅酒醋，用大火熬煮至煮汁剩½量，以鹽、胡椒調味。

巴斯克燉豬肉

Porc à la basquaise

使用青椒、番茄、大蒜的巴斯克料理。
葡萄酒熬煮後，加入番茄再燉煮濃縮美味。

材料（2～3人份）

豬肩里脊肉（肉塊）…400g
青椒…2個
甜椒（紅、黃）小型…各1個
洋蔥…½個
大蒜…1小瓣
紅辣椒…½根
A
- 鹽…⅔小匙
- 胡椒…適量

橄欖油…2大匙
白酒、水各…½杯
水煮番茄（粒狀罐頭）…½罐（200g）
B
- 百里香…少許
- 月桂葉…1片

鹽、胡椒…各適量
巴西利碎…少許

❶ 食材的準備

青椒、甜椒除籽去蒂，切成粗長條狀。洋蔥、大蒜切碎。紅辣椒去籽切成粗粒。豬肉切成粗長條狀用A預先搓揉調味。

❷ 香煎肉類，取出

在平底鍋或鍋子內放入橄欖油1大匙，以略強的中火加熱，待油熱後放入豬肉。稍稍放置不動地香煎，待全體煎出烤色後，取出。

❸ 製作煮汁

以廚房紙巾吸收拭去平底鍋或鍋內多餘的油脂，放入橄欖油1大匙，紅辣椒、大蒜、洋蔥，避免燒焦地用較小的火拌炒約3分鐘。倒入白酒、用大火加熱，以木杓摩擦般刮下鍋底精華，烹煮至揮發剩⅓量。放入水煮番茄、水、鹽⅓小匙，煮至沸騰後，轉爲較小的中火，避免燒焦地混拌烹煮約2分鐘。

❹ 添加食材、烹煮

加入②的豬肉、青椒、甜椒，放進B，煮至沸騰後蓋上鍋蓋轉爲略小的中火。避免燒焦地邊混拌邊烹煮約10分鐘。掀開鍋蓋，用大火熬煮至煮汁剩⅔量，以鹽、胡椒調味。依個人喜好撒入切碎的巴西利。

帕洛斯風格燴雞肉

Sauté de poulet sauce paloise

所謂的 Paloise，是將雞肉與確實拌炒過的洋蔥用白酒燉煮的料理。
洋蔥的甜美與薄荷的清爽香氣就是美味之處。

材料(2～3人份)

雞腿肉…大型1又½片(約450g)
洋蔥…2～3個(500g)
大蒜…1小瓣
A
　鹽…⅔小匙
　胡椒…適量
麵粉…適量
沙拉油…1又½大匙
白酒…½杯
水…1杯
奶油…5g
鹽、胡椒…各適量
薄荷葉…5片

Point

避免洋蔥焦化地確實拌炒出甜味。這樣的洋蔥就具有醬汁的作用。

❶ 食材的準備

洋蔥、大蒜切成薄片。雞肉分成3等份用 A 預先搓揉調味，薄薄地撒上麵粉。

❷ 香煎雞肉，取出

在平底鍋或鍋子內放入沙拉油½大匙，以略強的中火加熱，待油熱後將雞肉的雞皮面朝下，煎至2面金黃後，取出。

❸ 製作煮汁

以廚房紙巾吸收拭去平底鍋或鍋內多餘的油脂，放入沙拉油1大匙、洋蔥、大蒜，用略小的中火拌炒約10分鐘。待洋蔥成爲茶色後，倒入白酒，用大火加熱，以木杓摩擦般刮下鍋底精華，將白酒揮發至剩⅓量。

❹ 添加食材、烹煮

放入水，煮至沸騰後加入鹽⅓小匙，放進②的雞肉，蓋上鍋蓋以略小的中火烹煮約10分鐘。待雞肉熟透，掀開鍋蓋，用大火熬煮至煮汁濃縮成半量，用奶油、鹽、胡椒調味。拌入撕碎的薄荷葉。

檸檬奶油燉雞里脊和萵苣

Aiguillette de poulet et salade iceberg sauce citron

用生火腿包捲口味清淡的雞里脊，增添美味。
萵苣爽脆的口感也令人樂在其中。

材料（2～3人份）

雞里脊…5條
生火腿…10片
洋蔥…½個
芹菜…½根
萵苣…⅓個
A
　鹽、胡椒…各適量
沙拉油…1小匙
奶油…7g
麵粉…1小匙
白酒…½杯
B
　水、鮮奶油（乳脂肪成分40%以上）…各½杯
鹽、胡椒…各適量
檸檬汁…1大匙

❶ 食材的準備

雞里脊去筋斜向對半切，撒上A，用生火腿包捲。洋蔥、大蒜切碎，芹菜斜切成5mm寬，萵苣撕成一口大小。

❷ 香煎肉類，取出

在平底鍋或鍋子內放入沙拉油加熱，將①生火腿卷的接口處朝下放入鍋中。煎至定形後翻面，待表面略略煎出色澤後，取出。

❸ 製作煮汁

以廚房紙巾吸收拭去平底鍋或鍋內多餘的油脂，放入奶油用略小的中火融化，加入洋蔥、芹菜，拌炒約2分鐘，撒入麵粉粗略混拌。待粉類融入後，倒入白酒用大火加熱，以木杓摩擦般刮下鍋底精華，將白酒揮發至剩⅓量。加入B，用中火煮至產生濃稠，以鹽、胡椒調味。

❹ 添加食材、烹煮

加入②的雞里脊生火腿卷，加熱約1分鐘後，添加萵苣，待萵苣略微變軟時，加入檸檬汁迅速混拌。

雞腿肉燉煮蕪菁

Cuisse de poulet aux petits navets

烹煮至鮮嫩多汁的雞肉，沾裹上的是刻意煮爛的蕪菁醬汁。
蕪菁分爲兩階段添加，既是食材，又是醬汁，扮演著兩種角色。

材料（2～3人份）

雞腿肉…大型1又½片（約450g）
蕪菁…4個（400g）
洋蔥…½個
大蒜…1小瓣
A
　鹽…⅔小匙
　胡椒…適量
橄欖油…1大匙
白酒…½杯
水…1杯
鹽、胡椒…各適量

❶ 食材的準備

蕪菁切去葉子、去皮，切成月牙狀。留下1顆蕪菁葉切碎。洋蔥、大蒜切碎。雞肉去筋及多餘的脂肪，切成一口大小用A預先搓揉調味。

❷ 香煎肉類，取出

在平底鍋或鍋子內放入橄欖油½大匙加熱，放入雞肉煎至表面呈色後，取出。

❸ 製作煮汁

以廚房紙巾吸收拭去平底鍋或鍋內多餘的油脂，加橄欖油½大匙，放入洋蔥、大蒜，用較小的中火拌炒約2分鐘。倒入白酒、用大火加熱，以木杓摩擦般刮下鍋底精華，熬煮至白酒揮發至剩⅓量。

❹ 添加食材、烹煮

加入水、半量的蕪菁塊，煮至沸騰後蓋上鍋蓋，以略小的中火煮約5分鐘。待蕪菁變軟後，加入其餘的蕪菁塊、②的雞肉，烹煮約5分鐘至雞肉熟透。混拌全體，以木杓搗碎最初放入已煮軟的蕪菁，用大火略略熬煮，加入蕪菁葉迅速烹煮，以鹽、胡椒調味。盛盤，依個人喜好澆淋橄欖油（用量外）。

燉煮羔羊排

Navarin d'agneau

用蕪菁等蔬菜和羔羊燉煮而成的 Navarin。
通常使用肩肉等部位製作，
但此次使用方便的羔羊排代替。

材料（2～3人份）

羔羊肋排…6支
蕪菁…2個（200g）
紅蘿蔔…½根
四季豆…8根
洋蔥…½個
大蒜…1小瓣
A
　鹽…½小匙
　胡椒…適量
麵粉…適量
橄欖油…1大匙
番茄糊…1大匙
白酒…½杯
B
　水…1杯
　鹽…⅓小匙
　百里香…少許
　月桂葉…1片
鹽、胡椒…各適量
奶油…7g
粗磨黑胡椒…適量

❶ 食材的準備

蕪菁切去葉子、去皮，切成月牙狀。紅蘿蔔切成7mm方形長條狀，四季豆切成與紅蘿蔔相同的長度。洋蔥、大蒜切碎。羔羊肋排用 A 預先搓揉調味，薄薄撒上麵粉。

❷ 香煎肉類，取出

在平底鍋或鍋子內放入橄欖油 ½ 大匙以略強的中火加熱，待油熱後放入羔羊肋排。稍稍放置不動地香煎，待兩面煎出烤色後，取出。

❸ 製作煮汁

以廚房紙巾吸收拭去平底鍋或鍋內多餘的油脂，加橄欖油 ½ 大匙，放入洋蔥、大蒜，用較小的中火拌炒約2分鐘。加入番茄糊粗略拌炒，倒入白酒用大火加熱，以木杓摩擦般刮下鍋底精華，熬煮至白酒揮發至剩 ⅓ 量。

❹ 添加食材、烹煮

加入 B、紅蘿蔔，煮至沸騰後蓋上鍋蓋，以略小的中火烹煮約5分鐘。放進蕪菁、四季豆，同樣蓋上鍋蓋烹煮約3分鐘。掀開鍋蓋，用大火將煮汁熬煮至半量。加入②的羔羊肋排，不時混拌地烹煮約5分鐘。以鹽、胡椒調味，加入奶油拌勻，完成時撒上粗磨黑胡椒。

北非小麥燉蔬菜牛肉

Couscous de bœuf aux légumes

加入香料後，燉蔬菜立刻變得非常具有異國情調！
將燉菜湯汁淋滿在北非小麥上，好好享受吧！

Point

北非小麥粒（也稱 semoule）是用粗粒小麥粉（semolino）製成，是義大利麵的同類。用熱水充分還原後，再以微波加熱。

材料（2～3人份）

牛肉（咖哩、燉煮用）※1…250g
櫛瓜…小型1條
紅蘿蔔…½根
芹菜…½根
蕪菁…2個（200g）
大蒜…1小瓣
A
- 鹽…½小匙
- 胡椒…適量
- 紅椒粉、香菜粉、小茴香籽…各略少於1小匙

橄欖油…2又½大匙
B
- 水煮番茄（粒狀罐頭）…½罐（200g）
- 百里香…少許
- 月桂葉…1片

水…2又½杯
鹽、胡椒…各適量
北非小麥粒（Couscous）…½杯
哈里薩辣醬（Harissa）※2…適量

※1牛肉建議使用肩、腿、五花等不太硬的部位。
※2哈里薩辣醬是北非小麥粒不可或缺的非洲辣椒醬。若沒有，可以在完成時添加卡宴辣椒粉（cayenne pepper）或辣椒粉混拌。

❶ 食材的準備

芹菜去老莖，連同櫛瓜、紅蘿蔔一起切成粗長條狀。蕪菁切去葉子、去皮，切成月牙狀。大蒜切成薄片。牛肉切成1cm塊狀，用A預先搓揉調味。

❷ 香煎肉類，取出

在平底鍋或鍋子內放入橄欖油2大匙以略強的中火加熱，放入牛肉迅速粗略拌炒。加入除了蕪菁之外的蔬菜、B，全體均勻混拌，用略小的中火烹煮約5分鐘。加入蕪菁及水，燉煮約10分鐘，以鹽、胡椒調味。

❸ 還原北非小麥

在耐熱盤中放入北非小麥，倒入與北非小麥等量的熱水（½杯，用量外），加入鹽⅓小匙、橄欖油½大匙混拌。覆蓋保鮮膜放置約20分鐘，待北非小麥膨脹後用微波爐加熱2分鐘，攪散全體。

❹ 完成

將②、③搭配盛盤，與哈里薩辣醬混拌享用。

俄羅斯酸奶牛肉
Bœuf à la stroganoff

一道與白飯絕佳搭配，來自俄羅斯的輕燉煮菜餚。
酸奶油的柔和酸味能夠提升牛肉的美味。

材料（2～3人份）
牛腿肉（肉塊）…300g
蘑菇…8個
洋蔥…½個
A
- 鹽…½小匙
- 胡椒…適量

沙拉油…1大匙
白蘭地（若有）…1小匙
番茄糊…2大匙
白酒…½杯
水…¾杯
B
- 酸奶油（sour cream）…1大匙
- 紅椒粉（paprika）…1小匙
- 鹽…¼小匙
- 胡椒…適量

溫熱米飯…適量
酸奶油…1大匙
切碎的巴西利（若有）…適量

❶ 食材的準備
蘑菇切去底部，切成略厚片。洋蔥切碎。牛肉切成1cm厚容易食用的大小，用A預先搓揉調味。

❷ 香煎肉類，取出
在平底鍋或鍋子內放入沙拉油½大匙以略強的中火加熱，待油熱後放入牛肉。每面各煎約15秒僅香煎表面，熄火澆淋白蘭地，翻拌全體均勻後，取出。

❸ 製作煮汁
以廚房紙巾吸收拭去平底鍋或鍋內多餘的油脂，放入沙拉油½大匙，以略小的中火加熱，放入洋蔥、蘑菇，拌炒約2分鐘至呈淡茶色。加入番茄糊粗略快速拌炒，倒入白酒用大火加熱，以木杓摩擦般刮下鍋底精華，熬煮至白酒揮發至剩⅓量。

❹ 添加食材、烹煮
加入水，以中火烹煮約1分鐘，用B調味，待烹煮至恰到好處的濃稠，加入②的牛肉，烹煮至熟透。連同米飯一起盛盤，舀上酸奶油，若有也可以撒上巴西利碎。

奶油燉煮雞肉丸和蘆筍

Quenelles de poulet aux asperges vertes à la crème

Quenelles是以魚肉或蝦爲主要原料製成的肉丸。
用雞肉製作也可以充滿美味。搭配奶油白醬形成獨特的風味。

材料(2～3人份)

[雞肉丸]

雞胸肉(去皮)…200g

A

- 鹽…⅓小匙
- 胡椒…適量
- 雞蛋…小型1個

鮮奶油(乳脂肪成分40%以上)…½杯

綠蘆筍…6根
洋蔥…½個
沙拉油…½大匙
麵粉…1小匙
白酒…½杯
水…¾杯
鮮奶油(乳脂肪成分40%以上)…½杯
鹽、胡椒、粗磨黑胡椒…各適量

Point

整體呈現質地均勻柔軟的肉丸,使用食物調理機將雞胸肉攪打成滑順狀,是最大的關鍵。先加入雞蛋攪打,之後添加鮮奶油再持續攪打。

❶ 食材的準備

用刨刀刮除綠蘆筍根部的硬皮,斜切成5cm長。洋蔥切碎。

❷ 製作肉丸

雞胸肉切成塊狀,放入食物調理機中攪打成泥。加入A攪打,倒進鮮奶油再攪打至呈滑順狀態爲止。

❸ 製作煮汁

在平底鍋或鍋中加熱沙拉油,放入洋蔥,以略小的中火避免呈色地拌炒約2分鐘。撒入麵粉輕輕拌勻,待粉類完全融合後,倒入白酒轉爲大火,以木杓摩擦般刮下鍋底精華,熬煮至白酒揮發至剩⅓量。加入水、鮮奶油、鹽¼小匙。

❹ 添加食材、烹煮

將③略煮至沸騰時,輕輕地用湯匙舀取一口大小程度的②,輕巧地滑入平底鍋或鍋中,全部舀入完成後蓋上鍋蓋,以略小的中火烹煮約2分鐘,將肉丸翻面,再煮約2分鐘使其完全熟透。放進綠蘆筍,用中火煮1～2分鐘,待煮至濃稠度恰到好處時,以鹽、胡椒調味。最後撒上粗磨黑胡椒。

茄汁燉煮
巴西利風味肉丸和雞蛋

Marmitte de Boulettes de bœuf et œuf cocotte, persillée à la tomate.

甜味和濃郁的番茄風味中，飄散著巴西利清爽香味的肉丸令人印象深刻。
最後加入的雞蛋，加熱至個人喜好的熟度就能享用了。

材料（2～3人份）

［牛肉丸］

牛絞肉（瘦肉）…300g
洋蔥…½個
巴西利…2枝
雞蛋…½個
鹽…⅓小匙

橄欖油…1又½大匙
大蒜薄片…1小瓣
白酒…½杯
A
　水煮番茄（粒狀罐頭）…½罐（200g）
　水…⅓杯
胡椒…適量
鹽…¼小匙
雞蛋…2～3個
紅椒粉（paprika）…適量

❶ 製作肉丸

洋蔥切碎、巴西利切成粗粒。在缽盆中放入洋蔥以外的材料，揉搓般混拌，加入洋蔥後再充分混拌，分成6等分揉成圓形。

❷ 香煎肉丸，取出

在平底鍋或鍋中放入橄欖油½大匙加熱，放入①香煎約2分鐘，翻面同樣香煎後，取出。

❸ 製作煮汁

以廚房紙巾吸收拭去平底鍋或鍋內多餘的油脂，放入橄欖油1大匙、大蒜，以略小的中火拌炒，待散發香味後，倒入白酒用大火加熱，以木杓摩擦般刮下鍋底精華，熬煮至白酒揮發至剩⅓量。

❹ 添加食材、烹煮

加入A，轉爲小火烹煮約5分鐘，以鹽和胡椒調味並放入②的肉丸，再煮約5分鐘。完成時加入雞蛋，煮至個人喜好的柔軟程度。完成時撒上紅椒粉。

橄欖檸檬醬汁
燉煮香腸馬鈴薯

Saucisses et pommes de terre vapeur au vin blanc

馬鈴薯和香腸、洋蔥，是卓越的三重奏組合。
加上橄欖與檸檬的清爽風味，讓滋味更上層樓。

材料（2～3人份）

香腸…6根（150g）
馬鈴薯（May queen品種）…2個
洋蔥…½個
大蒜…1小瓣
橄欖油…2大匙
鹽、胡椒…各適量
白酒…½杯
A
水…½杯
橄欖（綠）…6粒
黃檸檬圓片（日本產）…2片
月桂葉…1片

❶ 食材的準備
馬鈴薯去皮切成1cm圓片。洋蔥、大蒜切成薄片。

❷ 香煎香腸，取出
在平底鍋中放入少量橄欖油（用量外）加熱，放入香腸煎至呈現黃金色澤後，取出。

❸ 製作煮汁
以廚房紙巾吸收拭去平底鍋或鍋內多餘的油脂，放入橄欖油、①，不斷地混拌並拌炒約2分鐘。用鹽⅓小匙、少許胡椒調味，倒入白酒。用大火加熱，以木杓摩擦般刮下鍋底精華，熬煮至白酒揮發至剩⅓量。

❹ 添加食材、烹煮
加入A，蓋上鍋蓋用略小的中火煮約5分鐘至馬鈴薯熟透。完成時加入②的香腸，以大火收乾煮汁至半量。

白酒燉內臟

Tripes au vin blanc

牛肚和牛小腸用加了檸檬的熱水燙煮，再搭配具強勁美味的培根。
只要掌握這2個重點，不僅毋需擔心腥味，更能彰顯出獨特的口感。

材料（2～3人份）

牛肚和牛小腸（完成燙煮的預備作業）…300g
芹菜…½根
紅蘿蔔…½根
洋蔥…½個
大蒜…1瓣
培根（塊）…60g
A
　黃檸檬圓片（日本產）…2片
　醋…2大匙
橄欖油…1大匙
白酒…¾杯
B
　水…1杯　百里香…少許
　月桂葉…1片　鹽…1小匙
鹽、胡椒…各少許
粗磨黑胡椒…適量

Point

內臟即使已完成燙煮的預備作業，再用放了檸檬圓片和醋的水燙煮一次，不但可消除腥味，也更容易食用。

❶ 食材的準備

在鍋中放入內臟、足以淹過食材的水分（用量外）和A加熱。煮至沸騰後轉爲小火，約煮10～15分鐘，丟棄燙煮的熱水。芹菜切成7mm寬的小段、紅蘿蔔切成7mm寬的半圓片。洋蔥切成1.5cm的月牙狀，大蒜切成薄片。培根切成粗長條狀。

❶ 製作煮汁

在平底鍋或鍋中放入橄欖油，加進①除了內臟之外的食材，不停地混拌並用中火拌炒約5分鐘。待蔬菜變軟後，加入內臟粗略迅速混拌，倒入白酒，以大火熬煮至白酒揮發至剩⅓量。

❶ 烹煮

加入B，煮至沸騰後略留下隙縫地蓋上鍋蓋，以略小的中火煮約15分鐘。轉爲大火略略熬煮湯汁，以鹽、胡椒調味。盛盤，撒上粗磨黑胡椒。

紅酒煮雞肝

Foie de volaille mijoté au vin rouge

將蜂蜜濃郁的甜味，和義大利巴薩米可醋的醇厚和酸味加入紅葡萄酒中，
可以讓雞肝更加容易入口。而口感迥異的蓮藕則成爲了亮點。

材料(2～3人份)

雞肝…400g
蓮藕…150g
A
　鹽…⅔小匙
　胡椒…適量
沙拉油…½大匙
奶油…15g
紅酒…¾杯
蜂蜜…½大匙
巴薩米可醋…1又½大匙
鹽、胡椒…各適量

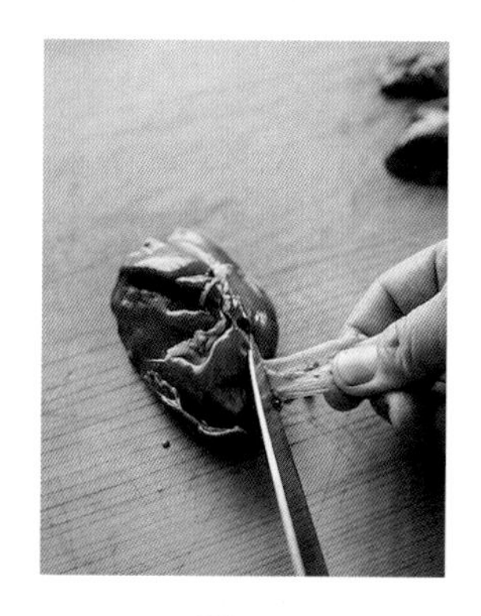

Point

黃色的脂肪和筋的部分有腥味，食用的口感也不好，因此要剔除。用手拉開以刀子切掉。

❶ 食材的準備

除去雞肝的黃色脂肪和筋，切成一口大小。浸泡在足以覆蓋全體的牛奶中(用量外，若無牛奶亦可用水)約10分鐘，用手輕輕混拌以釋放出血水，快速沖水洗淨。以廚房紙巾確實拭乾水分，撒上A。蓮藕切成1.5cm厚的扇形，用水沖洗再確實拭去水分。

❷ 拌炒蔬菜取出，拌炒雞肝

在平底鍋中放入沙拉油，待油熱後放入蓮藕，用大火拌炒2～3分鐘至呈煎炒色澤，取出。平底鍋中放入奶油以略大的中火加熱，待奶油出現氣泡，開始上色時，放入雞肝，煎至全體略出現香煎色。

❸ 烹煮

倒入紅酒、蜂蜜，用大火煮至沸騰後轉爲中火，不斷地邊混拌邊熬煮約3分鐘，至紅酒煮至剩½量。加入巴薩米可醋以小火烹煮約3分鐘，待雞肝完全熟透後轉爲中火熬煮。待煮汁濃稠後，以鹽、胡椒調味，加入②的蓮藕，迅速混合拌勻。

Poissons

魚貝類的速簡輕燉煮

避免魚貝類料理單調無味，
「速簡輕燉煮」瞬間增加了菜單的豐富性。
請大家享受食材的美味和湯汁共譜的協奏曲。

→ 鮭魚的白醬輕燉煮
(P.056)

鮭魚的白醬輕燉煮

Filet de saumon et chou blanc à la crème

爲了使魚肉口感鮮嫩，最重要的是不要煮得太久。
將煎煮過的魚放回湯汁中後，迅速煮熟。
溫和的風味，是大人小孩都喜愛的味道。

材料（2～3人份）

新鮮鮭魚或去骨鮭魚片…2～3大片（300g）
白菜…2片（200～250g）
洋蔥…½個
A
　鹽（魚事前處理用）…1小匙
　胡椒…適量
麵粉…適量
沙拉油…1又½大匙
白酒…½杯
水…⅓杯
鮮奶油（乳脂肪成分40%以上）…½杯
鹽、胡椒…各適量
蒔蘿…適量

❶ 食材的準備

白菜切成橫幅5mm、洋蔥切碎。鮭魚用A的鹽分預先搓揉調味，包覆保鮮膜靜置於冷藏室約15分鐘。表面粗略迅速沖洗後以廚房紙巾確實拭去水分，對半切，輕輕撒上A的胡椒，再撒上薄薄的麵粉。

❷ 香煎魚肉，取出

在平底鍋或鍋中放入沙拉油1大匙以略強的中火加熱，熱油後將鮭魚皮面朝下，放入鍋中。待略呈煎烤色澤後翻面，魚肉也呈煎烤色澤後取出。

❸ 拭去油脂，拌炒調味蔬菜

以廚房紙巾吸收拭去平底鍋內多餘的油脂，放入沙拉油½大匙、洋蔥，避免燒焦地以略小的中火拌炒約2分鐘。

❹ 熬煮葡萄酒

待洋蔥變軟後，倒入白酒轉爲大火，以木杓摩擦般刮下鍋底精華，熬煮至白酒揮發至剩⅓量。

❺ 製作煮汁

加入水、白菜、鮮奶油，煮至沸騰後蓋上鍋蓋，用較小的中火煮約1分鐘至白菜軟化。掀開鍋蓋，用大火熬煮至煮汁恰到好處地呈現濃稠，以鹽、胡椒調味。

❻ 加入魚肉，烹煮

加入②的鮭魚，煮約1分鐘使其熟透。熄火，完成時擺放切段的蒔蘿。

紅酒煮秋刀魚

Balaou du japon et compotée d'oignon au vin rouge

搭配洋李等味道濃郁的食材，與大量紅酒充分熬煮，再用紅酒醋提味。
這3種材料就能烘托並提引出秋刀魚的美味。

材料（2～3人份）

秋刀魚…2～3條（400g）
洋蔥…½個
大蒜…1小瓣
洋李（prune去核）…4～5粒
A
　鹽（魚事前處理用）…1小匙
　胡椒…適量
沙拉油…2大匙
麵粉…1小匙
紅酒…1杯
B
　水…½杯
　紅酒醋（白酒醋也可）…1大匙
　月桂葉…1片
　百里香（若無新鮮的也可用少許乾燥的）…3枝
鹽、胡椒…適量

Point

秋刀魚等魚腥味較重，若直接將麵粉撒在魚肉上，反而會鎖住魚腥味，因此會撒在拌炒洋蔥上。

❶ 食材的準備

秋刀魚除去頭尾及內臟，將魚身對半切成2段。用A的鹽分預先搓揉調味，包覆保鮮膜靜置於冷藏室約15分鐘。表面粗略迅速沖洗後，以廚房紙巾確實拭去水分。輕輕撒上A的胡椒。洋蔥切成薄片，大蒜切碎，洋李切成粗粒。

❷ 香煎魚類，取出

在平底鍋或鍋子內放入沙拉油1大匙以略強的中火加熱，待油熱後放入秋刀魚，待表面煎出煎烤色澤時，取出。

❸ 製作煮汁

以廚房紙巾吸收拭去平底鍋內多餘的油脂，放入沙拉油1大匙、洋蔥、大蒜，以略小的中火拌炒約2分鐘至呈淡茶色。撒入麵粉輕輕混拌，待粉類融合後，倒入紅酒，用大火加熱並以木杓摩擦般刮下鍋底精華，熬煮至紅酒揮發至剩⅓量。

❹ 添加食材、烹煮

加入B、洋李、②的秋刀魚煮至沸騰後蓋上鍋蓋，以略小的中火烹煮約2分鐘。待秋刀魚熟透時掀開鍋蓋，用大火熬煮至煮汁濃縮成半量，以鹽、胡椒調味。

蔥味牡蠣白醬輕燉煮

Huîtres chaudes aux poireaux à la crème

鮮美的蛤蜊經過輕燉煮，搭配甜美的蔥和濃郁的醬汁，
三者融合出極致的美味。
為了使色澤呈現白色，因此要避免牡蠣呈色地香煎。

材料（2～3人份）

牡蠣（熟食用）…10個
蔥…2根
A
　鹽…適量
　胡椒…適量
麵粉…適量
奶油…15g
白酒…½杯
水…¼杯
鮮奶油（乳脂肪成分40%以上）…½杯
鹽、胡椒…各適量

Point

牡蠣用太白粉和水充分沾裹，就能洗去皺摺間的髒污。當太白粉呈灰色時就是吸附髒污的證據，仔細地用水沖洗。

❶ 食材的準備

蔥斜向切成絲。牡蠣中加入太白粉1小匙和少量的水（用量外），全體充分混拌。待太白粉變成灰色時，用水沖洗，再以廚房紙巾確實擦拭。輕輕撒上A，再薄薄地撒上麵粉。

❷ 香煎牡蠣，取出

在平底鍋內放入奶油10g以中火加熱，待奶油融化起泡後，放入牡蠣，迅速香煎兩面（要注意避免呈色），取出。

❸ 製作煮汁

在②的平底鍋中放入奶油5g，以較小的中火加熱，待奶油融化起泡後加入蔥絲，避免焦化地拌炒約2～3分鐘。待蔥軟化後，倒入白酒用大火加熱，以木杓摩擦般刮下鍋底精華，熬煮至白酒揮發至剩⅓量。加入水、鮮奶油，烹煮至煮汁呈半量後，以鹽、胡椒調味。

❹ 放入牡蠣、烹煮

加入②的牡蠣，煮約30秒～1分鐘使其加熱即可。

→ 奶油茄汁燉鮮蝦馬鈴薯
(P.064)

→ 白酒燉煮鱈魚、蛤蜊和白花椰菜
(P.065)

奶油茄汁燉鮮蝦馬鈴薯

Marmite de crevettes à la crème

這是一道酸中帶甜的清爽奶油燉煮，加入了番茄和檸檬的酸味，
味道豐富卻不膩口。蝦子經過精心處理，短時間炒熟後燉煮，口感鮮嫩多汁！

材料（2～3人份）

鮮蝦（草蝦等）…中型12隻
番茄大型…1個
杏鮑菇…1包（100g）
馬鈴薯…1個
洋蔥…½個
大蒜…1小瓣
A
鹽、胡椒…各適量
橄欖油…1大匙
白酒…⅓杯
水…½杯
鮮奶油（乳脂肪成分40%以上）…⅓杯
鹽、胡椒…各適量
檸檬汁…1大匙

Point

番茄帶籽燉煮時，會過度稀釋湯汁，因此先用匙柄將其剔除。

❶ 食材的準備

番茄汆燙去皮除籽，切成不規塊狀。杏鮑菇切成滾刀塊、馬鈴薯切成2cm塊狀。洋蔥、大蒜切碎。鮮蝦挑去腸泥去殼，放入缽盆中加入太白粉1小匙和少量的水（皆是用量外），充分混拌。太白粉變成灰色後再用水沖洗，以廚房紙巾確實拭去水分。輕輕撒上A。

❷ 拌炒鮮蝦，取出

在平底鍋或鍋子內放入橄欖油½大匙以中火加熱，待油熱後，放入鮮蝦迅速拌炒，取出。

❸ 製作煮汁

在②的平底鍋或鍋中放入橄欖油½大匙，放入洋蔥、大蒜，避免燒焦地以略小的中火拌炒約2分鐘。待食材變軟後，添加白酒轉爲大火，以木杓摩擦般刮下鍋底精華，熬煮至白酒揮發至剩⅓量。

❹ 添加食材、烹煮

放入杏鮑菇、馬鈴薯、水、番茄，蓋上鍋蓋，用略小的中火烹煮約8分鐘。待馬鈴薯熟透後掀開鍋蓋，用大火將煮汁熬煮至半量。加入鮮奶油再繼續烹煮至開始產生濃稠，以鹽、胡椒調味。將②的鮮蝦放回鍋中，迅速烹煮。完成時淋上檸檬汁，熄火。

白酒燉煮鱈魚、蛤蜊和白花椰菜

Sauté de cabillaud au vin blanc et chou-fleur

在蛤蜊的湯汁中吸收了充足的風味，帶有黏稠口感的鰈魚和花椰菜非常美味。
最後的奶油香氣會瀰漫開來，令人愉悅。

材料（2～3人份）

蛤蜊…250g
薄鹽鱈魚片…2～3片（250g）
白花椰菜…½個（250g）
洋蔥…⅓個
大蒜…1小瓣
胡椒…適量
麵粉…適量
沙拉油…1又½大匙
白酒…½杯
水…⅓杯
鹽、胡椒…各適量
奶油…10g
粗磨黑胡椒…適量

蛤蜊若層疊放置，會將吐出的砂再次吸回，因此放在方型淺盤等淺型容器內，使蛤蜊舌可稍微露出的鹽水高度來進行吐砂。

❶ 食材的準備

蛤蜊放入淺型容器中，加入與海水相同（3%鹽分）且足以淹蓋的鹽水，靜置約2小時吐砂，搓洗外殼。白花椰菜切成小株。洋蔥、大蒜切碎。鱈魚用廚房紙巾確實拭淨水分，對半切，輕撒上胡椒，再薄薄撒上麵粉。

❷ 香煎魚片，取出

在平底鍋或鍋子內放入沙拉油1大匙以中火加熱，待油熱後，鱈魚皮面朝下地放入鍋中。迅速香煎兩面，取出。

❸ 製作煮汁

在②的平底鍋或鍋中放入沙拉油½大匙，放入洋蔥、大蒜，避免燒焦地以略小的中火拌炒約2分鐘。待洋蔥變軟後，添加白酒轉爲大火，以木杓摩擦般刮下鍋底精華，熬煮至白酒揮發剩⅓量。

❹ 添加食材、烹煮

放入白花椰菜、水，蓋上鍋蓋烹煮約5分鐘。待柔軟後，加入蛤蜊再次蓋上鍋蓋，蒸煮至蛤蜊開口。以鹽、胡椒調味，加入奶油和②的鱈魚，煮約1分鐘使其熟透。完成時撒上粗磨黑胡椒。

魚貝類的奶油白醬輕燉煮

Marmite de la mer

以3種海鮮爲原料，濃郁奢華的奶油燉煮，湯汁帶有3種海鮮的風味。
每一種海鮮各別仔細進行事前處理，就是美味的關鍵。

材料（2～3人份）

蛤蜊…小型6顆
鮮蝦（草蝦等）…大型6隻
干貝…4～6個
蘑菇…8個
洋蔥…½個
A
　鹽、胡椒…各適量
奶油…10g
麵粉…½大匙
白酒…½杯
B
　水…¼杯
　鮮奶油（乳脂肪成分以上）…½杯
鹽、胡椒…各適量

❶ 食材的準備

蛤蜊吐砂（請參照P.065製作方法①）。鮮蝦挑去腸泥去殼，放入缽盆中加入太白粉1小匙和少量的水（皆是用量外），充分混拌。太白粉變成灰色時再用水沖洗，以廚房紙巾確實拭去水分。與干貝一起輕輕撒上A。蘑菇切去底部後對半切。洋蔥切碎。

❷ 香煎魚貝類，取出

在平底鍋或鍋子內放入奶油5g，以中火加熱。待奶油融化起泡後，放入鮮蝦和干貝，迅速使食材沾裹奶油，蝦表面變紅後，取出（中央部份不需全熟）。

❸ 製作煮汁

在②的平底鍋或鍋中放入奶油5g，以較小的中火加熱，待奶油融化起泡後，放入洋蔥，避免燒焦地拌炒約1分鐘。待洋蔥變軟後，撒入麵粉輕輕混拌，待粉類融合後，添加白酒轉爲大火，以木杓摩擦般刮下鍋底精華，熬煮至白酒揮發剩⅓量。

❹ 添加食材、烹煮

放入B、蘑菇以略強的中火熬煮，至煮汁恰到好處地產生濃稠時，加入蛤蜊。蛤蜊開口後，以鹽、胡椒調味，加入②的蝦及干貝，煮約30秒～1分鐘使其熟透即可。

STAUB

填餡烏賊

Calmar farci

在烏賊中填塞的米飯，是起司和羅勒香氣的義大利風味。
當烏賊慢慢鼓起，膨脹起來時表示煮好了。

材料（2個）
烏賊（小型的魷魚、長槍烏賊等）… 2隻
番茄… 1個
櫛瓜… 小型1條
洋蔥… ½個
大蒜… ½小瓣

[填餡]
溫熱米飯… 100g
羅勒葉… 2片
帕瑪森起司… 1大匙
鹽… 少許
胡椒… 適量

橄欖油… 1又 ½大匙
白酒… ½杯
水… ½杯
鹽、胡椒… 各適量
橄欖油（完成時使用）… 1大匙

Point

一經烹煮烏賊就會收縮，因此填餡不要過滿。

❶ 食材的準備

烏賊切去足部、取出內臟，剝除表皮。足部揉搓清洗，切去吸盤周圍堅硬的部分以及足部尖端。番茄汆燙去皮、切成粗粒。櫛瓜切成圓片，洋蔥、大蒜切碎。填餡用的羅勒粗略切碎。

❷ 製作填餡

在缽盆中放入填餡的材料，加入番茄 ¼量，充分混合。填入①烏賊身體中，開口處以牙籤封口。

❸ 香煎魚貝類，取出

在平底鍋中放入橄欖油 ½大匙，以中火加熱，待油熱後，排入烏賊，兩面略香煎後，取出。烏賊足部也略拌炒，取出。

❹ 製作煮汁

在③的平底鍋或鍋中放入橄欖油1大匙、洋蔥、大蒜，以較小的中火加熱，避免燒焦地拌炒約2分鐘。待軟化後，添加白酒轉為大火，以木杓摩擦般刮下鍋底精華，熬煮至白酒揮發至剩 ⅓量。

❺ 添加食材、烹煮

放入其餘的番茄、櫛瓜、③的烏賊、水，煮至沸騰後蓋上鍋蓋，用略小的中火烹煮約3分鐘。烏賊翻面，再次蓋上鍋蓋煮約3分鐘。掀開鍋蓋，用大火將煮汁濃縮至 ⅔量。以鹽、胡椒調味，澆淋上完成時用的橄欖油即可。

BAUDON
INOXYDABLE

檸檬小茴香風味的章魚和芹菜輕燉煮

Salade de céleri au poulpe

這是一道夏天最適合的輕燉煮，有香料的香氣和檸檬的清新感。
章魚不需要太長時間，所以選擇易熟的蔬菜搭配。

材料（2～3人份）
燙煮章魚…150g
芹菜…1根
洋蔥…½個
黃檸檬圓片（日本產）…2片
橄欖油…2大匙
香菜籽（coriander）…1小匙
小茴香籽…½小匙
白酒…½杯
水…¼杯
鹽、胡椒…各適量

Point

香菜籽和小茴香籽以小火緩慢拌炒，釋放出香氣。

❶ 食材的準備

章魚切成不規則塊狀。芹菜撕去粗莖，斜切成7mm片狀。洋蔥切成薄片。

❷ 拌炒章魚，取出

在平底鍋或鍋中放入橄欖油½大匙，以中火加熱，待油熱後放入章魚，粗略拌炒，取出。

❸ 製作煮汁

用廚房紙巾拭去在②的平底鍋或鍋中多餘的水分，放入橄欖油1又½大匙、香菜籽、小茴香籽，以小火加熱，待散發香氣後放入洋蔥、芹菜、檸檬，以較小的中火拌炒約1分鐘。添加白酒轉爲大火，以木杓摩擦般刮下鍋底精華，熬煮至白酒揮發剩⅓量。加進水，煮至沸騰後轉爲較小的中火，約煮1分鐘，以鹽、胡椒調味。

❹ 添加食材、烹煮

加入②的章魚，略略溫熱即可。

奶油醬汁煮淡菜和西洋菜
Moules marinières au cresson

在蒸煮淡菜的湯汁中，加入鮮奶油的美味眞是太棒了！
記得用麵包蘸取湯汁享用到最後一滴。
西洋菜的微苦是這道菜的點綴。

材料（2～3人份）
淡菜…12個
西洋菜…1把
洋蔥…¼個
大蒜…1小瓣
奶油…10g
月桂葉…1片
白酒…½杯
鮮奶油（乳脂肪成分40％以上）…½杯
鹽、胡椒…各適量

❶ 食材的準備
用刷子將淡菜表面刷洗乾淨，拔除伸出貝殼的足絲。西洋菜切成方便食用的大小。洋蔥、大蒜切碎。

❷ 蒸煮淡菜
在鍋中放入奶油，用較小的中火加熱，奶油融化起泡後，加進洋蔥、大蒜，避免燒焦地拌炒約2分鐘。待變軟後，加入淡菜、月桂葉、白酒，蓋上鍋蓋，用略強的中火蒸煮。

❸ 製作煮汁
待淡菜開口後取出，用大火將蒸煮湯汁熬煮至半量。放入鮮奶油熬煮，待濃稠至恰到好處時，以鹽、胡椒調味。

❹ 放回食材、烹煮
放入淡菜、加進西洋菜混拌全體，煮至沸騰後熄火。

Point

除去淡菜像鬍鬚般伸出的足絲。上下拉動後，就會比較容易拔出。

芥末醋汁燉鯖魚洋蔥

Maqueureaux à la moutarde

使用芥末和醋煮秋刀魚，獨有的腥味消失了， 只留下美味。
爲了避免肉質變乾，
煮的時間約爲 2 分鐘即可。

材料（2～3人份）

鯖魚（上下片開）… 1尾
A
　鹽（魚事前處理用）… 1小匙
　胡椒… 適量
洋蔥… ⅓個
大蒜… 1小瓣
沙拉油… 2大匙
白酒… ½杯
水… ¼杯
紅酒醋（白酒醋也可）… 1大匙
芥末籽醬… 2大匙
鹽、胡椒… 各少許
切碎的巴西利… 適量

Point

鯖魚皮朝下放入鍋中，煎至表皮酥脆。魚肉面略略煎過即可。

❶ 食材的準備

除去鯖魚腹部魚刺，用 A 的鹽分預先搓揉調味，包覆保鮮膜靜置於冷藏室約15分鐘。表面粗略迅速沖洗後，以廚房紙巾確實拭去水分，輕輕撒上 A 的胡椒。洋蔥、大蒜切碎。

❷ 香煎魚肉，取出

在平底鍋中放入沙拉油1大匙，以略強的中火加熱，待油熱後，魚皮面朝下地放入鍋中。稍稍放置不動地香煎，待煎出烤色後翻面，魚肉面也略香煎後，取出。

❸ 製作煮汁

以廚房紙巾吸收拭去平底鍋或鍋內多餘的油脂，放入沙拉油1大匙、洋蔥、大蒜，以較小的中火加熱。避免燒焦地拌炒約2分鐘，待軟化後，倒入白酒轉爲大火，以木杓摩擦般刮下鍋底精華，熬煮至白酒揮發剩 ⅓量。

❹ 放入魚肉、烹煮

放入水、紅酒醋，煮至沸騰後加入②的鯖魚，蓋上鍋蓋用略小的中火烹煮約2分鐘。放入芥末籽醬輕輕混拌，以鹽、胡椒調味，撒上切碎的巴西利。

干貝和百合根的白醬輕燉煮

Noix de Saint-Jacques et Yuriné à la crème

加入干貝和百合根的白色鮮奶油燉煮，
溫和沈穩的風味，令人感到舒適。
百合根的鬆脆口感也非常美味。

材料（2～3人份）
干貝…6～9個
百合根…1個
洋蔥…¼個
鹽、胡椒…各適量
奶油…15g
白酒、水、鮮奶油（乳脂肪成分40%以上）
…各½杯

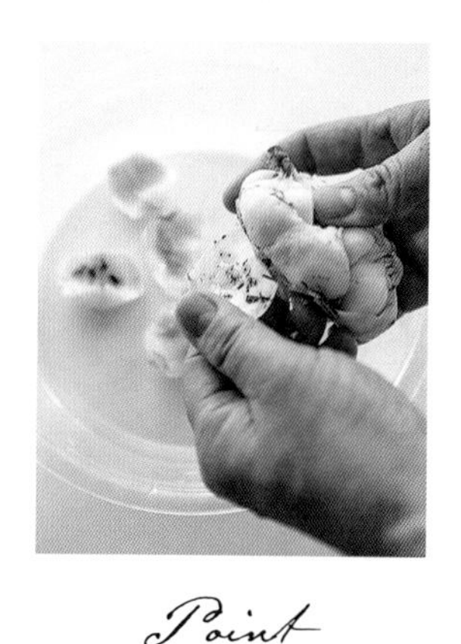

Point

輕巧地剝下百合根鱗片般的瓣片，再小心地切除底部沾到泥土及髒污的部分。

❶ 食材的準備

一片片剝下百合根，沖洗掉泥土和木屑，若有茶色部分則以刀子切除。洋蔥切碎。干貝用廚房紙巾擦拭，略撒上鹽、胡椒。

❷ 香煎干貝，取出

在平底鍋中放入奶油10g，以中火加熱，待奶油融化起泡後將干貝放入，迅速地只香煎表面後，取出。

❸ 製作煮汁

在②的平底鍋中，放入奶油5g，以較小的中火加熱，待奶油融化起泡後，放入洋蔥，避免燒焦地拌炒1～2分鐘。待軟化後，添加白酒轉爲大火，以木杓摩擦般刮下鍋底精華，熬煮至白酒揮發至剩⅓量。

❹ 加入食材、烹煮

放入水、百合根，蓋上鍋蓋以中火烹煮約3分鐘。待百合根煮熟後，加入鮮奶油改以大火煮至產生恰到好處的濃稠時，以鹽、胡椒調味，加入②的干貝，迅速溫熱即可。

橄欖醬汁白肉魚

Filet de poisson sauce pissaladière

清淡的白肉魚，連同鯷魚及橄欖，
以柴魚高湯烹煮的方式。
美味的層次交疊，讓好吃程度提升N倍！

材料(2～3人份)

白肉魚片(鯛魚等)…2～3片(300g)
洋蔥…½個
大蒜…1小瓣
橄欖(綠色、去核)…15粒
鯷魚片…1片
A
　鹽(魚事前處理用)…1小匙
　胡椒…適量
橄欖油…3大匙
麵粉…1小匙
白酒…½杯
水…½杯
鹽、胡椒…各適量
平葉巴西利…適量

❶ 食材的準備

白肉魚用A的鹽分預先搓揉調味，包覆保鮮膜靜置於冷藏室約15分鐘。表面粗略迅速沖洗後，以廚房紙巾確實拭去水分，輕輕撒上A的胡椒。洋蔥、大蒜切碎。橄欖切成粗粒狀、鯷魚粗略切碎。

❷ 香煎魚肉，取出

在平底鍋中放入橄欖油1大匙，以較小的中火加熱，待油熱後將白肉魚皮面朝下放入。略香煎出煎烤色澤時，翻面，魚肉面迅速地香煎一下後，取出。

❸ 製作煮汁

以廚房紙巾吸收拭去平底鍋或鍋內多餘的油脂，加入橄欖油1大匙、洋蔥、大蒜，避免燒焦，用較小的中火拌炒約2分鐘。待食材軟化後，撒入麵粉輕輕混拌，待粉類融合後，倒入白酒轉爲大火，以木杓摩擦般刮下鍋底精華，熬煮至白酒揮發剩⅓量。

❹ 加入食材、烹煮

放入水、橄欖、鯷魚，烹煮約1分鐘，加入②的白肉魚，蓋上鍋蓋用較小的中火烹煮2～3分鐘。待煮熟後，以鹽、胡椒調味，加入1大匙橄欖油，撒上切碎的平葉巴西利。

茄汁酸豆燉旗魚

Espadon sauce tomate et câpres

鰹魚具有像肉類一樣的風味和豐富感。
搭配切碎的開心果和番茄罐頭，味道絕對美味無比。

材料（2～3人份）

旗魚…2～3片（300g）
洋蔥…½個
大蒜…1小瓣
酸豆…1大匙
A
　鹽（魚事前處理用）…1小匙
　胡椒…適量
橄欖油…2大匙
白酒…½杯
B
　水煮番茄（粒狀罐頭）…½罐（200g）
　水…¼杯
鹽、胡椒…各少許
切碎的巴西利…適量

Point

酸豆不是以整粒的狀態直接使用，切碎後添加才能更呈現出風味。

❶ 食材的準備

旗魚用A的鹽分預先搓揉調味，包覆保鮮膜靜置於冷藏室約10分鐘。表面粗略迅速沖洗後以廚房紙巾確實拭去水分，輕輕撒上A的胡椒。洋蔥、大蒜切碎。酸豆切成粗粒狀。

❷ 香煎魚肉，取出

在平底鍋中放入橄欖油1大匙，以中火加熱，待油熱後放入旗魚，表面略香煎後，取出。

❸ 製作煮汁

以廚房紙巾吸收拭去平底鍋內多餘的油脂，加入橄欖油1大匙、洋蔥、大蒜，避免燒焦地用較小的中火拌炒約2分鐘。待食材軟化後，添加白酒轉爲大火，以木杓摩擦般刮下鍋底精華，熬煮至白酒揮發剩⅓量。加入B、酸豆，用中火烹煮至煮汁濃縮爲⅔量，以鹽、胡椒調味。

❹ 加入食材、烹煮

加入②的旗魚，烹煮約1分鐘至熟透，熄火，撒上切碎的巴西利。

STAUB

巴薩米可醋
燉鰤魚

Sériole à la balsamique

使用巴薩米可醋爲靈感，來做照燒鰤魚。
加熱後酸味變得柔和，以薑及黃芥末呈現出清爽風味。

材料（2～3人份）

鰤魚肉片…2～3片（300g）
洋蔥…½個
薑…1小塊
A
　鹽（魚事前處理用）…1小匙
　胡椒…適量
橄欖油…1大匙
B
　紅酒…½杯
　巴薩米可醋…2大匙
水…½杯
法式黃芥末…1大匙
鹽、胡椒…各適量
砂糖…1小撮
粗磨黑胡椒…適量

❶ 食材的準備

鰤魚用A的鹽預先搓揉調味，包覆保鮮膜靜置於冷藏室約15分鐘。表面粗略迅速沖洗後以廚房紙巾確實拭去水分，輕輕撒上A的胡椒。洋蔥、薑切成薄片。

❷ 香煎魚肉，取出

在平底鍋中放入橄欖油½大匙，以略強的中火加熱，待油熱後放入鰤魚，表面略香煎後，取出。

❸ 製作煮汁

以廚房紙巾吸收拭去平底鍋內多餘的油脂，加入橄欖油½大匙、洋蔥、薑，用較小的中火拌炒約2分鐘。待略呈茶色後，添加B轉爲大火，以木杓摩擦般刮下鍋底精華，用大火熬煮至湯汁揮發剩⅓量。

❹ 加入食材、烹煮

加入水烹煮約1分鐘，再加入②的鰤魚，蓋上鍋蓋以較小的中火烹煮2分鐘。至魚熟透後，用芥末醬、鹽、胡椒、砂糖調味。盛盤，撒上粗磨黑胡椒。

南法風味的培根白肉魚卷

Filet de poisson à la méditerranéenne

用培根包捲風味清爽的白肉魚，更加深美味及口感。
使用橄欖及乾燥番茄作爲調味重點。

材料（2～3人份）

白肉魚片…2～3片（250g）
培根…4片
洋蔥…⅓個
大蒜…1小瓣
胡椒、鹽…各適量
橄欖油…2大匙
麵粉…1小匙
白酒…½杯
乾燥番茄…3個
橄欖（綠、黑，去核）…共10顆
水…⅓杯
切碎的巴西利…適量

❶ 食材的準備

乾燥番茄用溫水浸泡約3分鐘使其軟化，切碎。橄欖切成圓片。白肉魚去骨去皮，斜向切成8等分，輕輕撒上胡椒，用長度對半切的培根包捲。洋蔥、大蒜切碎。

❷ 香煎魚肉，取出

在平底鍋中放入橄欖油1大匙以中火加熱，將①捲好的培根卷閉合口朝下地放入。香煎至固定後翻面，粗略快速香煎後，取出。

❸ 製作煮汁

以廚房紙巾吸收拭去平底鍋內多餘的油脂，加入橄欖油1大匙、洋蔥、大蒜，用較小的中火拌炒約2分鐘。待軟化後，撒入麵粉混拌，待粉類融合後倒入白酒轉爲大火，以木杓摩擦般刮下鍋底精華，用大火熬煮至白酒揮發剩⅓量。

❹ 加入食材、烹煮

加入乾燥番茄、水，不時地混拌地以小火烹煮約2分鐘，以鹽、胡椒調味，再加入②的培根魚卷、橄欖後烹煮約30秒。盛盤，撒上切碎的巴西利。

Légumes

蔬菜的速簡輕燉煮

想要美味地享用蔬菜！
這樣的願望無論日本或法國都是一樣的。
請仔細品嚐充分吸收肉或魚貝類精華的美味蔬菜。

→ 白花椰和螃蟹的白醬輕燉煮
(P.086)

白花椰和螃蟹的白醬輕燉煮

Fricassée de chou-fleur au crabe

蔬菜的速簡輕燉煮，訣竅是加入蛋白質增加風味。
蔬菜粗略迅速拌炒使表面沾裹油脂，就能防止烹煮時崩散。
請享用沾裹奶油和螃蟹美味的白花椰菜。

材料（2～3人份）

白花椰菜…400g
洋蔥…⅓個
挖出的蟹肉…60g
奶油…15g
白酒、水、鮮奶油（乳脂肪成分40%以上）
…各½杯
鹽、胡椒…各適量

❶ 食材的準備

白花椰菜分切成小株。洋蔥切成薄片。

❷ 拌炒食材，取出

在平底鍋或鍋中放入奶油10g，以較小的中火加熱，待奶油融化起泡後放入白花椰菜，拌炒使花椰菜沾裹奶油。以鹽⅓小匙預先調味，取出。

❸ 製作煮汁

在②的平底鍋或鍋中放入洋蔥，避免燒焦地以小火拌炒約2分鐘。待軟化後，倒入白酒轉為大火，熬煮至白酒揮發剩⅓量。

❹ 加入食材、烹煮

加入白花椰菜、水蓋上鍋蓋，煮熟至個人喜好的花椰菜軟硬度，掀開鍋蓋，用大火濃縮煮汁至半量。

❺ 調味，加入蟹肉

加入用於完成時的鮮奶油，恰到好處地熬煮。以鹽、胡椒調味，最後加入奶油5g和蟹肉，混拌全體。

奶油煮蕈菇雞胸肉

Marmite de poulet aux champignons à la crème

以還原牛肝蕈的水烹煮數種菇類。
能增加整體的濃郁，使口中充滿豐富的香氣。

材料（2～3人份）

牛肝蕈（乾燥）…3 g
鴻喜菇、香菇、蘑菇、杏鮑菇等…400g
洋蔥…½個
雞胸肉…200g
A
　鹽…⅓小匙
　胡椒…適量
麵粉…適量
沙拉油…2大匙
奶油…5g
白酒…½杯
鮮奶油（乳脂肪成分40%以上）…¼杯
鹽、胡椒、粗磨黑胡椒…各適量

Point

乾燥牛肝蕈泡水後的湯汁充滿了美味和芳香，過濾後可以用於料理中。

❶ 食材的準備

牛肝蕈浸泡在¼杯熱水（用量外）中還原，以茶葉濾網過濾出湯汁及蕈菇，蕈菇切成粗粒。其他的菇類切去底部後，切成方便食用的大小。洋蔥切碎。雞胸肉斜向片切成小片，用A搓揉調味，再薄薄地撒上麵粉。

❷ 香煎食材，取出

在平底鍋或鍋子內放入沙拉油1大匙，以略小的中火加熱。待油溫熱後，放入雞肉，略煎香表面後取出。在平底鍋或鍋中放入奶油加熱，待奶油融化起泡後，放入牛肝蕈之外的菇類，以中火拌炒約5分鐘，取出。

❸ 製作煮汁

在②的平底鍋或鍋中放入沙拉油1大匙、洋蔥，避免燒焦地用較小的中火拌炒約2分鐘。待軟化後添加白酒改爲大火，將白酒熬煮揮發至剩⅓量。

❹ 添加食材、烹煮

加進牛肝蕈、還原湯汁、②的菇類、鮮奶油，用中火熬煮至恰到好處地產生濃稠，以鹽、胡椒調味。將②的雞肉放回鍋中，再略煮約1分鐘使其熟透。完成時撒上黑胡椒。

白酒燉白腎豆和臘腸

Cassolette de saucisse

用臘腸和番茄煮出美味豐富的湯，享用著鬆軟的白腎豆。
樸實的口感會讓你不自覺地一再回味，眞是美味極了。

材料（2～3人份）

水煮白腎豆…200g
番茄…1個
洋蔥…½個
大蒜…1小瓣
臘腸…100g
橄欖油…1大匙
白酒、水…各½杯
鹽、胡椒…各適量
橄欖油（完成時用）…小於1大匙
略切的平葉巴里利…適量

❶ 食材的準備

水煮白腎豆用濾網撈出，用水迅速粗略沖洗。番茄切成略大的塊狀，洋蔥和大蒜切碎。臘腸切成2cm寬幅的段。

❷ 製作煮汁

在平底鍋或鍋子內放入橄欖油，以略小的中火加熱，待油溫熱後，放入洋蔥、大蒜拌炒約2分鐘。加進番茄拌炒約1分鐘，倒入白酒轉爲大火，以木杓摩擦般刮下鍋底精華，熬煮至白酒揮發剩⅓量。

❸ 添加食材、烹煮

放入水、鹽½小匙、胡椒、白腎豆，用略小的中火烹煮約5分鐘。加進臘腸，用大火略熬煮收汁，以鹽、胡椒調味。完成時淋入橄欖油，撒上略切的巴西利。

填餡萵苣
Iceberg farcie

保留爽脆口感，同時又稍稍軟化的萵苣中，
滿滿地填入雞肉和鮮蝦，
雙重多汁的肉餡。

Point

萵苣葉片較小的話，可以用2片攤開使用。擺放肉餡，從靠近自己的內側左右向內折入，再向前包捲。

材料（2～3人份）

萵苣…4～6片
芹菜…5cm
洋蔥…¼個
甜豆莢…6根

［填餡］

雞絞肉（腿肉）…200g
鮮蝦（草蝦等）…實際重量80g
A
　麵包粉…3大匙
　雞蛋…½個
　牛奶…1大匙
鹽…⅓小匙
胡椒…適量
切碎的巴里利…1小匙

橄欖油…2大匙
白酒…½杯
水…1杯
鹽、胡椒…各少許

❶ 食材的準備

迅速燙煮萵苣葉片，過水冷卻，擰乾水分。芹菜折去硬莖與洋蔥一起切成薄片。甜豆莢撕去二側硬纖維。

❷ 製作內餡

鮮蝦挑去腸泥去殼，放入缽盆中加入太白粉1小匙和少量的水（皆是用量外），充分混拌。太白粉變成灰色時再用水沖洗，以廚房紙巾確實拭去水分，用刀身壓成泥狀。缽盆中放入A混拌，加入鮮蝦泥與其他填餡材料混拌至產生黏稠，分成4等分用萵苣包捲。

❸ 製作煮汁

在平底鍋或鍋子內放入橄欖油1大匙，以略小的中火加熱，待油溫熱後，放入洋蔥、芹菜拌炒約2分鐘。軟化後，倒入白酒轉爲大火，熬煮至白酒揮發剩⅓量。

❹ 添加食材、烹煮

在③中輕輕放入②的填餡萵苣，加進水，蓋上鍋蓋以略小的中火約煮7分鐘，至內餡中央完全煮熟。取出盛盤。

❺ 完成

在④中放入甜豆莢、橄欖油1大匙，用大火將煮汁熬煮成半量，以鹽、胡椒調味。將煮汁澆淋在填餡萵苣上，剝開甜豆莢擺放。

→ 高湯煮青豆和肉丸子
(P.096)

→ **南亞風味南瓜燉培根和鷹嘴豆**
(P.097)

高湯煮青豆和肉丸子

Jardinière de petits pois aux boulettes de chair à saucisse

若買到新鮮青豆時，希望大家務必嘗試這道料理。
青豆會吸收肉丸子的美味，煮至鬆軟時就是最佳品嚐時機。

材料（2～3人份）

青豆仁（從豆莢中剝出）…200g
馬鈴薯…1個（200g）
洋蔥…½個

［肉丸子］

豬絞肉…200g
鹽…⅓小匙
胡椒…適量
茴香籽（若有）…½小匙

橄欖油…1大匙
白酒…½杯
水…¾杯
鹽、胡椒…各適量
月桂葉…1片

Point

絞肉放入塑膠袋內，從塑膠袋外揉搓至產生黏性為止。

❶ 食材的準備

馬鈴薯切成2～3cm塊狀，洋蔥切碎。

❷ 製作肉丸子

將肉丸子的材料放入塑膠袋內，從外揉搓混拌至產生黏性。由袋中取出，用手整型成略小的球狀。

❸ 香煎肉丸子，取出

在平底鍋或鍋子內放入橄欖油½大匙以中火加熱，待油熱後，放入②的肉丸子，略香煎表面後，取出。

❹ 製作煮汁

以廚房紙巾吸收拭去平底鍋或鍋內多餘的油脂，放入橄欖油½大匙、洋蔥，用較小的中火加熱，避免燒焦地拌炒約2分鐘。待軟化後倒入白酒轉為大火加熱，熬煮至白酒揮發剩⅓量。

❺ 添加食材、烹煮完成

放入青豆、馬鈴薯、水、鹽⅓小匙、月桂葉加熱，煮至沸騰後蓋上鍋蓋，以略小的中火烹煮約8分鐘。加入③的肉丸子，蓋上鍋蓋烹煮約3分鐘。掀開鍋蓋轉為大火，將煮汁熬煮成半量，以鹽、胡椒調味。

南亞風味南瓜燉培根和鷹嘴豆

Fricassée de potiron aux lardons à la sabzi

辛辣的咖哩爲甜美的南瓜增添了刺激感。
加入香氣濃郁的鷹嘴豆和調味過的豬肉，增加了飽足感。

材料（2～3人份）

南瓜…400g
洋蔥…½個
豬五花肉（塊狀）…100g
鷹嘴豆（乾燥盒裝）…50g
A
　鹽…⅓小匙
　胡椒…適量
橄欖油…1大匙
小茴香籽…½小匙
白酒、水…各½杯
鹽、胡椒…各適量
咖哩粉…1小匙

Point

豬五花肉拌炒至香脆並釋出多餘的油脂，加入南瓜一起混合拌炒。

❶ 食材的準備

南瓜去籽去囊，帶皮切成3cm塊狀。洋蔥切成薄片。豬五花切成1cm粗長條狀，用A預先搓揉調味。

❷ 香煎食材，取出

在平底鍋或鍋子內放入橄欖油½大匙以中火加熱，待油熱後放入豬肉煎至香脆，放入南瓜混合拌炒，至全體沾裹油脂後，取出。

❸ 製作煮汁

以廚房紙巾吸收拭去平底鍋或鍋內多餘的油脂，放入橄欖油½大匙和小茴香籽，用中火加熱。待油溫熱後，放入洋蔥，用較小的中火加熱拌炒約2分鐘。待軟化後倒入白酒轉爲大火加熱，熬煮至白酒揮發剩⅓量。

❹ 添加食材、烹煮

加入鷹嘴豆、水、鹽½小匙、咖哩粉、②的豬肉、南瓜，蓋上鍋蓋用較小的中火烹煮3～5分鐘。待南瓜熟透後掀開鍋蓋，用大火將煮汁熬煮成半量，以鹽、胡椒調味。

紅酒煮牛蒡和薄切牛肉片

Bœuf aux salsifis et champignons, sauce vin rouge

牛肉和牛蒡的黃金搭檔，加上舞菇的香氣和口感作爲點綴。
再加入一點點的巴薩米可醋，使味道更濃郁。

材料（2～3人份）

牛蒡（細的）…100g
舞菇…1包（100g）
洋蔥…½個
大蒜…1小瓣
薄切牛肉片…150g
A
鹽…⅓小匙
胡椒…適量
奶油…10g
沙拉油…2大匙
紅酒…½杯
鹽、胡椒…各適量
B
水…¾杯
巴薩米可醋…1大匙
月桂葉…1片
鹽…½小匙
粗磨黑胡椒…適量

Point

牛蒡約加熱5分鐘確實拌炒，用油充分拌炒沾裹就能抑制土味。

❶ 食材的準備

用刷子刷洗牛蒡，切成5cm長（牛蒡較粗時，縱向分切成2～4等分），浸泡在水中（用量外）約5分鐘。舞菇粗略撕開。洋蔥、大蒜切成薄片。牛肉切成方便食用的大小，用A預先搓揉調味。

❷ 拌炒牛肉、牛蒡，取出

在平底鍋內放入奶油以略強的中火加熱，待奶油融化起泡，略開始呈茶色時，牛肉放入鍋中攤平。稍稍放置不動地香煎，待兩面都煎出烤色後，取出。在平底鍋中加入沙拉油1大匙以中火加熱，待油溫熱後放入牛蒡拌炒約5分鐘，略撒入鹽、胡椒，取出。

❸ 製作煮汁

在②的平底鍋中放入沙拉油1大匙、洋蔥、大蒜，用較小的中火加熱拌炒約3分鐘。待略略呈色後，倒入紅酒轉爲大火，熬煮至紅酒揮發剩⅓量。

❹ 添加食材、烹煮

加入B、舞菇、②的牛蒡，煮至沸騰後蓋上鍋蓋，用較小的中火烹煮。待牛蒡變軟後，加入②的牛肉，混拌全體，以鹽、胡椒調味。完成時撒上粗磨黑胡椒。

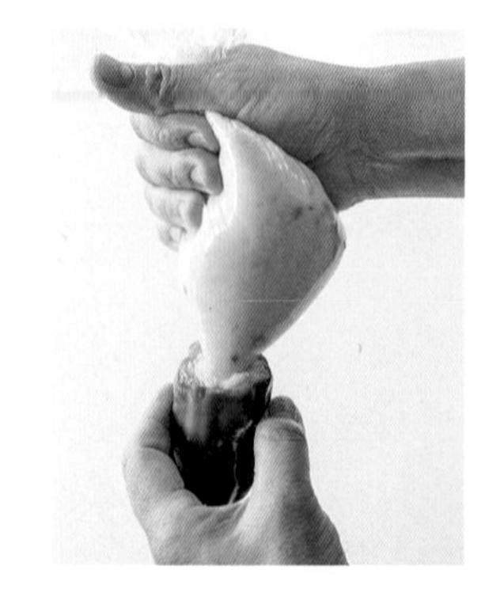

Point

剪去塑膠袋的一角來擠出內餡，就能簡單地填入青椒內。

鑲青椒

Poivron farci

將鱈魚和馬鈴薯鑲進青、紅椒中，
創造出濃郁的乳霜狀口感。
青椒的微苦，成為風味的點綴。

材料（2～3人份）

青椒、紅椒 … 共6個

[填餡]

薄鹽鱈魚片 … 1片
馬鈴薯 … 2個
白酒（鱈魚預先調味用）… 1大匙
A
- 蒜泥 … ⅓小匙
- 牛奶 … 2大匙
- 橄欖油 … 2大匙
- 鹽 … ¼小匙
- 胡椒 … 少許

切碎的洋蔥 … ⅓個
切碎的大蒜 … 1小瓣
橄欖油 … 2大匙
白酒 … ½杯
B
- 水煮番茄（粒狀罐頭）… ½罐（200g）
- 水 … ½杯
- 鹽 … ½小匙

鹽、胡椒 … 各適量

❶ 製作填充內餡

鱈魚放入耐熱盤內，澆淋白酒，覆蓋保鮮膜微波加熱3分鐘，降溫後除去魚骨及魚皮。馬鈴薯切成1口大小，放入耐熱缽盆中，覆蓋保鮮膜微波加熱5分鐘使其軟化。趁熱用木杓等搗碎，並混拌至呈滑順狀，加入A再繼續混拌。目標是勉強可擠出的硬度。若過硬可以添加牛奶（用量外）調節，放入塑膠袋內。

❷ 製作鑲青椒

青椒、紅椒去蒂除籽（為避免填餡容易脫落，留下中間的筋脈）。剪去①塑膠袋的一角，將內餡擠至青椒、紅椒內。

❸ 製作煮汁

在平底鍋內放入橄欖油1大匙、洋蔥、大蒜以略小的中火拌炒約2分鐘。待軟化後，倒入白酒轉為大火，熬煮至白酒揮發剩⅓量。

❹ 添加食材、烹煮

加入B、②的鑲青椒、紅椒，煮至沸騰後轉為小火，蓋上鍋蓋，以較小的中火烹煮約10分鐘。過程中要將青椒、紅椒翻面。最後以鹽、胡椒調味，澆淋上1大匙橄欖油。

高麗菜、竹筍和雞肉的白醬輕燉煮

Fricassée de poulet à la crème, garniture de bambou et de chou blanc

高麗菜的鮮豔綠色，成爲春季輕盈燉菜的美麗色澤。
加入略帶苦味的竹筍，輕輕燉煮至入味即可。

材料（2～3人份）

高麗菜…¼個
燙煮過的竹筍…150g
洋蔥…½個
雞腿肉…大½片（約150g）
A
　鹽…⅓小匙
　胡椒…適量
沙拉油…1小匙
奶油…10g
白酒、水、鮮奶油（乳脂肪成分40%以上）
…各½杯
鹽、胡椒…各適量

❶ 食材的準備

高麗菜粗略分切，竹筍切成方便食用的大小。洋蔥切成薄片。雞腿肉切成一口大小，用A預先搓揉調味。

❷ 香煎肉類，取出

在鍋內放入沙拉油以中火加熱，待油熱後放入雞腿肉粗略迅速拌炒，待表面變色後即取出。

❸ 製作煮汁

以廚房紙巾吸收拭去鍋內多餘的油脂，放入奶油用較小的中火加熱，待奶油融化起泡時放入洋蔥，拌炒約2分鐘。待軟化後倒入白酒轉爲大火加熱，熬煮至白酒揮發剩⅓量。

❹ 添加食材、烹煮

加入水、鹽½小匙、竹筍、②的雞腿肉蓋上鍋蓋，煮至沸騰後轉爲小火烹煮約5分鐘。倒進鮮奶油，用大火熬煮至產生濃稠。加入高麗菜，蓋上鍋蓋煮約1分鐘，待高麗菜軟化後，混拌全體，最後以鹽、胡椒調味。

→ 蘆筍和蠶豆的簡單煮
(P.106)

→ 橄欖油煮層疊夏季蔬菜
(P.106)

→ 希臘風葡萄酒煮蔥段蘑菇
(P.107)

→ 檸檬奶油煮甘薯
(P.107)

蘆筍和蠶豆的簡單煮

Salade d'asperges vertes et fèves au jambon cru

迅速煮熟的綠色蔬菜色彩鮮艷。
享用時添加生火腿，滋味豐盛。

材料（2～3人份）

綠蘆筍…6根
蠶豆…10個（實重90g）
橄欖油…1大匙
白酒…⅓杯
水…½杯
鹽、胡椒…各適量
洋蔥…¼個
生火腿…適量

❶ 食材的準備

用刨刀刮除綠蘆筍根部的硬皮，將長度分切成2～3等分。蠶豆剝除硬皮。洋蔥切碎。

❷ 製作煮汁

在鍋中放入橄欖油以較小的中火加熱，待油溫熱後放入洋蔥，避免呈色地拌炒約2分鐘。待軟化後倒入白酒轉爲大火加熱，熬煮至白酒揮發剩⅓量。

❸ 添加食材、烹煮

加入水、蘆筍、蠶豆，蓋上鍋蓋用較小的中火煮約1分鐘，掀開鍋蓋用大火將煮汁熬煮至恰到好處。以鹽、胡椒調味，降溫後放入冷藏室冷卻。盛盤後佐以生火腿。

橄欖油煮層疊夏季蔬菜

Salade de ratatouille froide

普羅旺斯燉菜（ratatouille）的「速簡輕燉煮」版。
蔬菜依不易煮熟的順序層疊在鍋中，每層都撒上鹽、胡椒就是要訣。

材料（2～3人份）

茄子…2根
櫛瓜…1根
大蒜…1瓣
白酒…½杯
番茄…2個
洋蔥…1個
橄欖油…4大匙
鹽、胡椒…各適量
普羅旺斯香料（Herbes de Provence）※
…½小匙

※ 普羅旺斯香料是百里香、鼠尾草、迷迭香等綜合香料

❶ 食材的準備

茄子切成寬1cm的圓片，用水（用量外）浸泡約5分鐘去除澀味，拭淨水分。櫛瓜切成1cm寬的圓片，番茄粗略分切。洋蔥、大蒜切成薄片。

❷ 製作煮汁

在鍋中放入橄欖油1大匙以較小的中火加熱，待油溫熱後放入洋蔥、大蒜，拌炒約3分鐘。待軟化後倒入白酒轉爲大火加熱，熬煮至白酒揮發剩⅓量。

❸ 添加食材、烹煮

在②的鍋中依序放入①的茄子、櫛瓜、番茄，每層都撒入鹽、胡椒，再撒入普羅旺斯香料，並澆淋橄欖油3大匙，蓋上鍋蓋用較小的中火加熱。煮至沸騰後，轉爲小火再煮約10分鐘，掀開鍋蓋混拌全體，用大火熬煮約5分鐘，以鹽、胡椒調味。可以趁熱享用，也可冷的吃。

希臘風葡萄酒煮蔥段蘑菇
Champignons et poireaux à la grecque

香菜籽味道十足的希臘風格。
蔥段煮至軟爛，散發出濃稠的甜香。

材料（2～3人份）
大蔥…1根　蘑菇…2盒（200g）
大蒜（壓碎）…1小瓣　橄欖油…2大匙
香菜籽（coriander）…少於1小匙
A
　白酒…½杯　月桂葉…1片
　黃檸檬圓片（日本產）…2片
鹽、胡椒…各適量
紅酒醋（白酒醋也可）…1大匙

❶ 食材的準備
大蔥切成2cm寬。蘑菇切去底部，若是大顆的就再對切。

❷ 製作煮汁
在鍋中放入橄欖油、香菜籽、大蒜，以小火加熱，散發出香氣後，加入大蔥、蘑菇，輕輕拌炒。待全體沾裹油脂後，放入A，用大火煮至沸騰，加入鹽½小匙、少許胡椒，蓋上鍋蓋用小火煮約5分鐘。

❸ 添加食材、烹煮
待蔥段變軟後，掀開鍋蓋用大火將煮汁熬煮濃縮至半量。以鹽、胡椒調味，加入葡萄酒醋，再次煮至沸騰後熄火。

檸檬奶油煮甘薯
Patate douce aux amandes et zeste de citron

甘薯的甜與檸檬的酸，混合了鮮奶油，像甜點一樣呈現。
若與康堤起司等一起享用，更是美味。

材料（2～3人份）
甘薯…300g　奶油…10g
A
　水…½杯
　砂糖…1大匙
　檸檬汁…1大匙
鮮奶油（乳脂肪成分40%以上）…2大匙
黃檸檬皮碎…適量
杏仁片（烘烤過）…適量

❶ 食材的準備
甘薯去皮，切成寬1.5～2cm的長條狀，浸泡於水（用量外）中除去澀味，瀝乾水分。

❷ 製作煮汁
在鍋中放入奶油、以較小的中火加熱，待奶油融化起泡後加入①，粗略拌炒。待奶油沾裹食材後加入A，蓋上鍋蓋煮約5～7分鐘至甘薯變軟。

❸ 添加食材、烹煮
掀開②的鍋蓋，用大火將煮汁熬煮至半量，添加鮮奶油熬煮至產生濃稠。盛盤，撒上檸檬皮碎、杏仁片。熱食、冷食都好吃。

Entrée

最適合用於前菜的
速簡輕燉煮［水果］

→ 大黃和草莓的速簡輕燉煮
(P.110)

→ 白酒煮葡萄柚和芹菜
(P.110)

→ 白酒煮鳳梨和果乾
(P.111)

→ 紅酒燉煮蘋果和李子
(P.111)

大黃和草莓的輕燉煮

Salade rhubarbe et fraise aromatisée au romarin

大黃的酸味混合了草莓的香甜，
是無法言語的美味。建議可以搭配莫札瑞拉起司一起享用。

材料（2～3人份）

大黃（Rhubarb）※1…200g
草莓 ※2…1盒
砂糖…50g
迷迭香枝…2cm

※1 大黃可以用果泥代替。此時就不需要砂糖，混合大黃果泥和新鮮草莓，略加放置後再煮。
※2 若無法取得新鮮草莓，也可以使用冷凍的。

❶ 食材的準備

大黃切成2cm長。草莓去蒂。在鍋中放入除了迷迭香之外的所有材料，混拌全體靜置約20分鐘。

❷ 烹煮

待①產生水分，用略小的中火加熱。煮至沸騰後混拌全體再烹煮約2分鐘，熄火，放入迷迭香。

白酒煮葡萄柚和芹菜

Salade de pamplemousse et céleri sauce vin blanc

結合了清爽的食材，再加上一點薑的風味。
葡萄柚更是扮演醬汁般的角色。

材料（2～3人份）

芹菜…2根（200g）
葡萄柚（白肉）…1個
洋蔥…½個
橄欖油…2大匙
白酒、水…各⅓杯
鹽、胡椒…各適量
薄薑片…2片

❶ 食材的準備

芹菜去老莖，斜向切成1cm寬。葡萄柚剝去外皮，由瓣片中取出果肉。洋蔥切成薄片。

❷ 製作煮汁

在鍋中放入橄欖油以較小的中火加熱，等油溫熱後，放入芹菜、洋蔥，避免燒焦地拌炒約2分鐘。待軟化後倒入白酒以大火加熱，熬煮至白酒揮發剩⅓量。加入水、鹽⅓小匙、胡椒調味後，加入薑片，煮約1分鐘，熄火。

❸ 添加食材、烹煮

加入葡萄柚混拌全體，以鹽、胡椒調味。置於冷藏室冷卻。

白酒煮鳳梨和果乾
Salade d'ananas aux fruits secs

甜醋漬風味的葡萄酒燉煮。
乾燥水果需要較長時間，鳳梨則只需略煮即完成。

材料（2～3人份）
鳳梨（新鮮）淨重…300g
乾燥無花果…3個
乾燥杏桃…20g
白酒、水…各½杯
香菜籽（coriander）…8粒
香草莢（可省略）…少許

❶ 食材的準備
鳳梨切去表皮和芯，切成3cm塊狀。乾燥無花果、杏桃迅速沖洗。

❷ 烹煮
在鍋中放入除了鳳梨之外的材料，以中火加熱，煮至沸騰後轉爲小火，再煮約5分鐘。加進鳳梨，煮至沸騰後熄火。待降溫後，置於冷藏室冷卻。

紅酒燉煮蘋果和李子
Pomme pochée au vin rouge

在冷藏室靜置一夜冷卻，葡萄酒風味就能滲入蘋果中。
可搭配香煎豬肉或香草冰淇淋享用，十分美味。

材料（2～3人份）
蘋果（若可能請使用紅玉）…2個
A
- 洋李乾（prune）…4～6個
- 砂糖…60g
- 紅酒、水…各1杯

❶ 食材的準備
洋李乾浸泡在熱水中約3分鐘，瀝去熱水備用。蘋果削皮切成4等分，去芯（爲防止果肉變色，作業前再削皮）。

❷ 烹煮
在鍋中放入A加熱，煮至沸騰砂糖溶化。加入蘋果，以廚房紙巾作爲落蓋地用小火煮約10分鐘。直接放置冷卻，待降溫後移至保存容器，置於冷藏室放置一夜，使紅酒滲入蘋果中。

Soupes

湯

若是提到能溫暖身心的料理，一定就是湯。
在這個章節中，將介紹可以作爲主食的各種配方。

→ 馬賽魚湯
(P.114)

馬賽魚湯

Bouillabaisse

充滿美味海鮮精華的湯。
必須添加能釋放出美味的蛤蜊，其他海鮮則視個人喜好添加。
使用番紅花提味，呈現出美麗的黃色和微甜香氣。

材料（2～3人份）
蛤蜊…15個
鮮蝦（草蝦等）…3～6條
淡菜…3個
白肉魚片（鯛魚等）…1片（150g）
番茄…小型1個
洋蔥…½個
大蒜…1瓣
番紅花…⅓小匙
橄欖油…4大匙
白酒…½杯
水…2又½杯
月桂葉…1片
鹽、胡椒…各適量

❶ 食材的準備
蛤蜊與P.065、鮮蝦與P.066、淡菜與P.072相同方法的進行事前預備作業。白肉魚對半切。番茄汆燙去皮，切成較小的塊狀。洋蔥切成薄片、大蒜切碎。番紅花浸泡在⅓杯熱水中（用量外）還原。

❷ 香煎魚貝類，取出
在鍋中放入橄欖油1大匙以中火加熱，待油熱後香煎鮮蝦、白肉魚，待表面略有呈色後，取出。

❸ 製作煮汁
在②的鍋中放入3大匙橄欖油、洋蔥、大蒜，以小火加熱，避免燒焦地拌炒約2分鐘。待洋蔥軟化後，放入番茄粗略迅速拌炒。待全體沾裹油脂後，倒入白酒。

❹ 熬煮白酒
轉爲大火，以木杓摩擦般刮下鍋底精華，熬煮至白酒揮發剩⅓量。

❺ 調味
在④中放入水、月桂葉、①的番紅花連同還原水，煮約10分鐘。

❻ 添加食材，烹煮
放入②的鮮蝦、白肉魚、蛤蜊和淡菜，蓋上鍋蓋，煮至貝類開口，以鹽、胡椒調味。貝類烹煮過久會變硬，蒸煮至開口時立刻就熄火。

羅宋湯

Soupe de betterave au bœuf

以紅色且帶有微甜味的蔬菜—甜菜根爲主角的湯品。
添加大量的牛肉，但只是作爲突顯甜菜根風味的配角。

材料（2～3人份）

甜菜根（beetroot）… 150g
紅蘿蔔 … ½根
洋蔥 … 1個
大蒜 … 1小瓣
薄切牛肉片 … 150g
A
　鹽、胡椒 … 各少許
沙拉油 … 2大匙
白酒 … ½杯
水 … 2又½杯
鹽、胡椒 … 各適量
酸奶油 … 適量

Point

若將甜菜根整顆煮的話，需要花費很長時間，因此建議先刨成絲。

❶ 食材的準備

甜菜根、紅蘿蔔可以用刨削器或起司磨削器刨削成細絲或切成細絲。洋蔥、大蒜切成薄片。牛肉切成方便食用大小撒上A。

❷ 香煎肉類，取出

在鍋中放入沙拉油1大匙以略強的中火加熱，待油熱後將牛肉放入鍋中攤開。稍稍放置香煎，至略呈現煎烤色澤時翻面，至兩面呈金黃色，取出。

❸ 製作煮汁

在②的鍋中放入沙拉油1大匙，洋蔥、大蒜，用略小的中火拌炒約3分鐘。待軟化後倒入白酒，轉爲大火熬煮至白酒揮發剩⅓量。

❹ 添加食材、烹煮

加入水、鹽⅓小匙、甜菜根、紅蘿蔔，煮至沸騰後轉爲小火，略留縫隙地蓋上鍋蓋，烹煮約8分鐘。待蔬菜變軟後，加入②的牛肉，煮至沸騰，撈除浮渣，以鹽、胡椒調味。煮汁變少時，可適量補足水分。盛盤，依個人喜好添加酸奶油。

小扁豆培根湯

Soupe de lentilles aux lardons

只要一口就會上癮、滋味豐富的湯。
用培根提味，燉煮至小扁豆入口即化的程度。

材料（2～3人份）

小扁豆…100g
培根（塊狀）…30g
洋蔥…½個
大蒜…1大瓣
橄欖油…1大匙
白酒…½杯
水…2又½杯
月桂葉…1片
鹽、胡椒…各少許

❶ 食材的準備

鍋中煮沸熱水（用量外），放入小扁豆預先燙煮約5分鐘，瀝去熱水。洋蔥、大蒜切碎。培根切成粗長條狀。

❷ 拌炒食材，取出

在鍋中放入沙拉油1大匙以中火加熱，待油溫熱後，放進洋蔥、大蒜、培根大略迅速拌炒。加入小扁豆，拌炒約1分鐘。

❸ 烹煮

倒入白酒，轉爲大火熬煮至白酒揮發剩⅓量。加入水、月桂葉，煮至沸騰後撈除浮渣，略留縫隙地蓋上鍋蓋。過程中不時地邊混拌邊煮至小扁豆變軟，用小火煮約15分鐘，以鹽、胡椒調味。煮汁變少時，可適量補足水分。

Point

小扁豆（Lens culinaris）名稱的由來，是因形狀類似凸透鏡片。這裡使用的是法國產帶點黑色的（右）種類，也可以用常見淡綠色的（左）來代替。

匈牙利湯

Goulache de porc

使用匈牙利產的紅椒粉調味製成。
由於使用了樸實的食材，因此帶有一種令人懷念的味道。

材料（2～3人份）
豬肩里脊薄片…150g
芹菜…50g
洋蔥…1個
馬鈴薯…1個
紅蘿蔔…½根
大蒜…1小瓣
A
　鹽、胡椒…各適量
沙拉油…2大匙
紅酒…⅓杯
B
　水…2杯
　水煮番茄（粒狀罐頭）…½罐（200g）
　紅椒粉（paprika）…1又½大匙
　鹽…½小匙
鹽、胡椒、紅椒粉（paprika）…各適量

❶ 食材的準備
芹菜去老莖，連同洋蔥、馬鈴薯一起切成1.5cm的塊狀，紅蘿蔔切成扇形片，大蒜切成薄片。豬肉切成方便食用的大小後，撒上A。

❷ 香煎肉類，取出
在鍋中放入沙拉油1大匙以略強的中火加熱，待油熱後放入豬肉在鍋中攤開。稍稍放置香煎至兩面呈煎烤色澤後，取出。再加熱1大匙沙拉油，放入馬鈴薯之外的蔬菜，用小火拌炒約3分鐘。

❸ 烹煮
待軟化後倒入紅酒，轉爲大火加熱熬煮至紅酒揮發剩⅓量。加進B、馬鈴薯煮至沸騰後，轉爲小火，略留縫隙地蓋上鍋蓋，烹煮約8分鐘。待蔬菜變軟後，加入豬肉，煮至沸騰撈除浮渣，以鹽、胡椒調味。煮汁變少時，可適量補足水分。盛盤，撒上紅椒粉。

馬鈴薯
鱈魚青蔥湯

Bouillon de légumes au cabillaud

在稍微煮爛的馬鈴薯中加入牛奶製作，味道溫和的湯。
食材的蔥及調香蔬菜的洋蔥，
釋放出它們各自獨特的甜味。

材料（2～3人份）

薄鹽鱈魚片…1片
馬鈴薯…1個
大蔥…1根
洋蔥…½個
大蒜…1小瓣
奶油…15g
白酒…½杯
水…2杯
牛奶…1杯
鹽、胡椒…各適量

❶ 食材的準備

馬鈴薯切成扇形片，大蔥斜切片，洋蔥、大蒜切成薄片。鱈魚除去魚骨和魚皮。

❷ 拌炒食材

在鍋中放入奶油以略小的中火加熱，待奶油融化起泡後，放入洋蔥、大蒜避免燒焦地拌炒約3分鐘。

❸ 烹煮

倒入白酒，轉爲大火加熱熬煮至白酒揮發剩⅓量。加進水、馬鈴薯、大蔥，以略小的中火，稍留縫隙地蓋上鍋蓋，烹煮約10分鐘。待煮至馬鈴薯開始變軟爛時，加入鱈魚煮至熟透，用木杓等將馬鈴薯和鱈魚粗略搗散。倒進牛奶，以鹽、胡椒調味。煮汁變少時，可適量補足水分。

Column　週末悠閒的用餐

餐後的起司小點

卡門貝爾起司鍋

Camembert chaud aux lardons

加熱後濃稠的起司，以麵包或蔬菜蘸取享用。
培根的鹹味、胡椒的微辣正是亮點。

材料（方便製作的分量）

卡門貝爾起司…1個
培根…½片
粗磨黑胡椒…適量
櫻桃蘿蔔（Radish）、麵包等…各適量

製作方法

❶ 薄薄地切下卡門貝爾起司的上端。培根切成細絲，擺放在起司上。

❷ 在烤箱的專用烤盤上舖放鋁箔紙，擺放①，烘烤約8分鐘至起司變軟，撒上粗磨黑胡椒。以櫻桃蘿蔔或烤得硬脆的麵包片蘸取享用。

堅果起司餅

Tuiles de fromage

硬脆堅果和香酥起司的美味無法抵擋。
請以手直接取用爽脆的小點心。

材料（方便製作的分量）

披薩用起司絲…30g
綜合堅果…2小匙

製作方法

❶ 綜合堅果敲打成碎粒。

❷ 在氟樹脂加工的平底鍋中，留有間隙地各別擺放一口大小的起司絲（3～5g）。用小火加熱，至起司融化，表面開始有氣泡、全體呈現烘烤色澤時，撒上①。取出放至廚房紙巾上，瀝乾，待涼即可。

無花果和藍紋起司佐生火腿

Assiette de figues fraîches, roquefort et jambon cru

濃郁起司搭配成熟無花果，加上生火腿的鹹味，真是絕配，也是很下酒的組合。

材料（2人份）

無花果…1個
藍紋起司…適量
生火腿…4片
粗磨黑胡椒…適量

製作方法

❶ 無花果帶皮直接分切成4等分。藍紋起司切成方便享用的大小。

❷ 在盤中擺放①，與生火腿一起盛盤，全體撒上粗磨黑胡椒。

莫札瑞拉和乾燥番茄、橄欖雞尾酒

Cocktail de cornichons, tomates séchées, olives et mozzarella

將風味濃郁且略帶苦味的食材與起司浸泡在油中，便能製作出令人欲罷不能的美味！

材料（方便製作的分量）

莫札瑞拉起司（Mozzarella一口尺寸）…1袋
乾燥番茄…3個
醋醃黃瓜（Cornichon）※1…16條
橄欖（黑、綠）…共½杯
普羅旺斯香料（Herbes de Provence）※2…⅓小匙
巴薩米可醋…1大匙　　橄欖油…4大匙

※1醋醃黃瓜以法國的小型黃瓜製成
※2普羅旺斯香料是百里香、鼠尾草、迷迭香等綜合香料

製作方法

❶ 莫札瑞拉起司瀝去水分，用廚房紙巾拭乾。乾燥番茄以溫水浸泡3分鐘軟化，瀝乾後與醋醃黃瓜一起切成方便食用的大小。

❷ 在缽盆中放入全部的材料，充分混拌，盛放在玻璃瓶中。

Column　週末悠閒的用餐

餐後點心

巧克力慕斯

Crème mousseline au chocolat

口感蓬鬆且甜度適中的苦甜點心。
可以各別一人份地倒入碗中，冷藏至凝固。

材料（2～3人份）

巧克力（製作甜點專用甜巧克力）…100g
鮮奶油（乳脂肪成分40%以上）…1杯
白蘭地（若有）…1小匙

製作方法

❶ 巧克力切成細碎狀。

❷ 在鍋中放入鮮奶油加熱，煮至即將沸騰時，熄火。加入①靜置約1分鐘，待巧克力溶化，充分混拌全體，冷卻。

❸ 將②移至缽盆中，加入白蘭地混拌，以冰水墊放在缽盆下方，用攪拌器打發至足以擠出的慕斯硬度。放入個人喜好的容器內，置於冷藏室冷卻約1小時。

草莓果凍

Gelée de fraise

用明膠直接凝固草莓的美味。
最推薦軟Q晃動的軟嫩度。

材料（2～3人份）

草莓…1盒
砂糖…2大匙
明膠…5g
水…3大匙

製作方法

❶ 明膠放入水中浸泡還原。草莓去蒂。

❷ 將草莓、砂糖放入攪拌機內攪打，成為滑順的果汁狀。

❸ 將①還原的明膠以微波爐加熱15秒，混拌使明膠融化（若仍尚未全部融化，再次微波加熱。但絕不可使其沸騰）。

❹ 將②移至缽盆中，加入③，混拌至均勻沒有結塊。倒入個人喜好的容器內，置於冷藏室冷卻約1小時。

檸檬卡士達醬

Crème pâtissière au citron

帶有檸檬酸味的卡士達甜點。
可以直接享用，也能搭配麵包。

材料（2～3人份）

麵粉…20g
砂糖…50g
牛奶…220g
蛋黃…2個
檸檬汁…40ml

製作方法

❶ 在略大的耐熱缽盆中放入麵粉、砂糖，用攪拌器充分混合拌勻。
❷ 在鍋中放入牛奶加熱，煮至沸騰。趁熱時加入①中，用攪拌器快速地混拌至產生濃稠。
❸ 不覆蓋保鮮膜地將②微波爐加熱1分30秒～2分鐘至沸騰。取出充分混拌，加入蛋黃迅速混拌，倒入檸檬汁再持續混拌。缽盆下墊放冰水，用攪拌器混拌降溫即可。

冰淇淋佐蜂蜜堅果

Coupe glacée vanille, miel et noix mélangées

只需要在冰淇淋上搭配混合了蜂蜜和香料的堅果。
若再加上白蘭地，就是成熟的大人風味。

材料（2～3人份）

香草冰淇淋…小型2個
綜合堅果（切成粗粒）…2大匙
蜂蜜…1大匙
肉桂、肉荳蔻粉（依個人喜好）…各少許

製作方法

❶ 充分混合蜂蜜、堅果、肉桂、肉荳蔻粉。
❷ 將冰淇淋盛放至容器中，澆淋上①。

Index
材料別 INDEX
※作爲調味使用的洋蔥、大蒜等除外。

肉、肉類加工品

魚貝、魚貝類加工品

蔬菜

菇類

薯類

豆類

系列名稱／Joy Cooking
書名／法國人喜歡的3種速簡輕燉煮
作者／上田淳子
出版者／出版菊文化事業有限公司
發行人／趙天德
總編輯／車東蔚
翻譯／胡家齊
文 編・校 對／編輯部
美編／R.C. Work Shop
地址／台北市雨聲街77號1樓
TEL／(02)2838-7996
FAX／(02)2836-0028
初版日期／2023年11月
定價／新台幣400元
ISBN／9789866210914
書號／J158
讀者專線／(02)2836-0069
www.ecook.com.tw
E-mail／service@ecook.com.tw
劃撥帳號／19260956大境文化事業有限公司

請連結至以下表單填寫讀者回函，將不定期的收到優惠通知。

國家圖書館出版品預行編目資料
法國人喜歡的3種速簡輕燉煮
上田淳子 著；初版；臺北市
出版菊文化，2023[112] 128面；
19×26公分(Joy Cooking；J158)
ISBN／9789866210914
1.CST：點心食譜　2.CST：烹飪
3.CST：法國
427.12　　112004986

Staff
攝影：新居明子
書籍設計：福間優子
造型：花沢理恵
法語翻譯：Adélaïde GRALL／Juli ROUMET
校正：ヴェリタ
編輯：飯村いずみ
Printing Director：山内 明(大日本印刷)
烹調助理：大溝睦子

◎攝影協助
・Joint
(Lino e Lina、Bertozzi、Truffle)
03-3723- 4270
・DENIAU Sogokenkyusho LTD
(Luigi Bormioli、Le Parfait、La Rochère、T&G)
03-6450- 5711
・Zwilling J.A. Henckels Japan
(STAUB、BALLARINI)
0120-75-7155
・Le Creuset Custome dial：03-3585-0198